# 反本能

卫蓝 著 —— 如何对抗你的习以为常

天地出版社 | TIANDI PRESS

图书在版编目（CIP）数据

反本能 / 卫蓝著 . —成都：天地出版社，2017.10（2018.1 重印）
ISBN 978-7-5455-2878-7

Ⅰ . ①反… Ⅱ . ①卫… Ⅲ . ①人生哲学—通俗读物 Ⅳ . ① B821-49

中国版本图书馆 CIP 数据核字（2017）第 119859 号

## 反本能：如何对抗你的习以为常

| | |
|---|---|
| 出品人 | 杨　政 |
| 作　者 | 卫　蓝 |
| 责任编辑 | 陈素然 |
| 装帧设计 | 今亮后声 HOPESOUND　penkouyugu@163.com |
| 内文图片 | ＣＦＰ |
| 责任印制 | 葛红梅 |
| 出版发行 | 天地出版社<br>（成都市槐树街 2 号　邮政编码：610014） |
| 网　　址 | http://www.tiandiph.com<br>http://www. 天地出版社 .com |
| 电子邮箱 | tiandicbs@vip.163.com |
| 经　　销 | 新华文轩出版传媒股份有限公司 |
| 印　　刷 | 三河市鑫鑫科达彩色印刷包装有限公司 |
| 版　　次 | 2017 年 10 月第 1 版 |
| 印　　次 | 2018 年 1 月第 4 次印刷 |
| 成品尺寸 | 165mm×235mm 1/16 |
| 印　张 | 18.25 |
| 字　数 | 219 千字 |
| 定　价 | 38.00 元 |
| 书　号 | ISBN 978-7-5455-2878-7 |

版权所有◆违者必究

咨询电话：（028）87734639（总编室）
购书热线：（010）67693207（市场部）

本版图书凡印刷、装订错误，可及时向我社发行部调换

# 目录

**自序**

走出生活舒适区,挑战未来无限可能 / 01

**第一部分** | **反本能之自我提升**
——战胜低配的自己

**第一章**

**根源探索**——事情那么多,我们为什么总想拖延

感性 VS 理性——我们为什么那么不懂得克制自己 / 006

虚假的疲劳——为什么我们总想要放弃 / 009

享乐的大脑——为什么我们总想玩手机 / 013

社会的螺丝钉——为什么做事做久了会没精神 / 018

不走陌生路——为什么改变总是那么困难 / 021

**第二章**

**对症下药**——当拖延发生时,我们可以怎么做

改变很简单——从简单开始的蝴蝶效应 / 026

给个进度条——看得见的进步，让改变更有效 / 030

有效重复——让新习惯替代坏习惯 / 034

心理奖惩——让改变像玩游戏一样有趣 / 037

有效放松——什么是正确的休息姿势 / 041

记忆的线索——到适合的地方，做想做的事 / 045

第三章

## 学霸模式——手机时代，如何更好地自我控制

时间"黑洞"——为什么我们总想刷手机信息 / 050

萎缩的大脑——沉迷网络社交可能让人变笨 / 055

接纳性对抗——如何降低手机的负面影响 / 058

完美计划不完美——为什么充电计划总是失败 / 062

别让思考止步——最好的办法不会一开始就出现 / 065

仪式感——如何更好地落实计划 / 069

第四章

## 学习的障碍——为什么付出了却没有回报

知道感——知道了就代表懂了吗 / 074

注意的注意力——我们真的全都学到了吗 / 077

攀登障碍——学习也是一个打怪升级的过程 / 080

大脑的假设——它可能是台高阶超级计算机 / 083

忘掉不开心——遗忘是大脑的自清理过程 / 086

愉悦的情绪——大脑效能的最佳学习状态 / 088

> 第五章

## 扔掉低配——高效学习的核心配置

关联的知识——灵感的来源、思维的提升 / 094

高效巩固——集中学习 VS 发散学习 / 097

疲惫的身心——大脑学习的低效率状态 / 100

浮躁的解除——如何更好地利用网络提升自己 / 102

构建知识体系——大脑认知资源的节能模式 / 105

# 第二部分 反本能之群体接触
## ——让自己成为高情商的人

> 第一章

## 不如愿的接触——社交过程中的盲区

"听我的！"——控制欲是人际关系的杀手 / 116

"我就知道！"——吵架时为什么总想否定对方的一切 / 118

让人"变笨"的爱——为什么有人看不见恋人的缺点 / 121

> 第二章

## 良性循环——如何建立有效的社交关系

熟悉即安全——为什么你需要跟别人混个脸熟 / 124

自我表露——信任的建立在于相互了解 / 127

相对剥夺——令人反感的滥好人 / 130

有效赞美——夸赞是门技术活 / 133

第三章

## 沟通的艺术——怎样才能好好说话

拒绝抬杠——怎样改掉爱争辩的坏毛病 / 138

为何家会伤人——如何与家人亲密相处 / 143

善意的释放——如何更好地与别人聊天 / 149

自我实现预言——肯定别人是高效的建议方式 / 155

第四章

## 相处的艺术——一个自我完善的过程

本能干涉——如何避免无故讨厌一个人 / 160

模糊的边界——如何放下自己的执念 / 166

干掉偷懒——合作过程中如何减少推诿带来的矛盾 / 170

看得见的影响——如何减少我们的负面情绪 / 173

面具的背后——怎样才能大致了解一个人 / 178

第五章

## 情绪的对抗——积极情绪 vs 消极情绪

过不去的坎——我们为什么会沉浸于负面情绪中（一）/ 182

过不去的坎——我们为什么会沉浸于负面情绪中（二）/ 185

与内心谈判——接纳自己的不完美 / 187

被低估的影响——心理暗示的力量 / 190

资源的矛盾——如何减少竞争产生的焦虑感 / 192

# 第三部分 反本能之社会洞见
—— 看到看不见的，说清想说的

## 第一章

### 外部干扰——有哪些常见的决策陷阱

控制感的陷阱——过度乐观的人更容易"入套" / 200

呈现的画面——为什么我们总被故事说服 / 202

决策在瘫痪——选择多，不一定是好事 / 205

群体压力——再独立的个体也会受到群体影响 / 207

"白色的猴子"——关注独特的事物让我们看不见更多 / 210

## 第二章

### 自我设限——我们有哪些思维盲区

潜意识的偏心——我们真的比普通人优秀吗 / 214

专业的错觉——专业人才存在的思维局限 / 216

"就是看你不顺眼"——你反对的，我都要支持 / 218

金字塔塔尖之外——成功者背后的无数失败者 / 220

要不回来的成本——坚持还是放弃，这是个问题 / 223

冲动是魔鬼——失去理智，定受惩罚 / 226

第三章

## 表达的逻辑——让别人知道你到底想说什么

表述的利器——金字塔模式 / 230

利器出鞘——如何使用金字塔模式 / 234

结论先行——让别人 get 到你想说的 / 237

经验参照——为什么好的演讲者很喜欢举个例子 / 239

第四章

## 一些实战——看到事物的本质

存在的意义——人生是一场时间的旅行 / 244

社会圈层——如何进入更高的圈层 / 248

"美丽"的骗局——洗脑为什么那么厉害 / 255

伪科学的新衣——为什么有人相信星座 / 261

偏激的言论——为什么很难看到客观的真相 / 265

磨掉的棱角——我们是如何变得平庸的 / 268

后记

## 沉下心来，才能真正学到东西 / 271

自　序

## 走出生活舒适区，挑战未来无限可能

生物学家拉马克认为，生物的进化应该包含两个方面：垂直进化（由简单到复杂）和水平进化（多样性的进化）。人类的进化过程也是如此，垂直方向上从简单无序变成复杂和有组织；水平方向上从相似到"人与人之间的差距比人与猪的差距还大"。

### 一些跟不上进化的本能

在演化的过程中，我们一直在与我们的本能对抗。大多数动物想要生存，就不得不改掉慵懒的本能，让自己跑起来，去躲避天敌或者猎取食物。狼为了更好地生存，相互之间选择合作，让出部分食物，克制自私的本能；人为了更好地生存，制定了文明的规则，克制了厮杀的本能。

然而，生物进化的历史并没有很大程度上改变生存的基本机制。

正如英国神经科学家约翰·休林斯·杰克逊（John Hughlings Jackson）在100多年前就已经意识到的，物种在原有旧脑的基础上形成了精细的新脑系统。而旧脑作为基础则更深刻地影响着我们的日常行为。换句话说，我们的大多偏好和做出的选择更多地源自于我们的生物性。

比如说，男性倾向于选择外表较有吸引力和身材比例感较好的女性做配偶，因为他们的生物性意识认为，这样的女性更有可能繁殖出较为优秀的后代。而女性则倾向于选择高挑和强壮的男性作为配偶，这样才能给她们以足够的安全感，因为这样的男性看上去更能够捕获到猎物和战胜侵略者。

再好的法律，也无法停止所有犯罪；再好的个人，也会犯错。因为人的本能之一就是野蛮，而历史上也有无数次野蛮战胜文明的先例。重力作用让每个物体都掉到地上，而人的本能也是如此，它会让我们走向一种原始和野蛮，一种下落态的生活。

## 人为什么更高级

而演化的大方向则有秩序性和反本能的特点。

比如说，及时享乐是生物的本能。动物很少做那些短期内看不到收益的事情，因为动物的本能就是及时享乐，而人类相对于其他动物更为高级，因此人们也愿意为了长远的利益而克制自己享乐的本能。

在尤瓦尔·赫拉利（Yuval Noah Harari）的《人类简史》中也有写道："人类之所以能够实现数万甚至数百万人通力协作，而一些动物只能形成几十或者上百个单位的社群，是因为人类是所有生物中，唯一能够相信'虚构信念'的物种。"

人与动物最大的区别在于能够更好地克制自己的本能，为长远的利益着想。

如果一个人不能很好地克制自己的本能，那么他更像是在退化，在水平进化中处于劣势，他也就更容易被这个社会所淘汰。这也是战胜本能的重要性——越是能够克制本能的生物会更高级一些，越是能够克制自己本能的人往往也更优秀些。

尽管在漫长的进化过程中，人类的生物本能起到了相当重要的生存指导作用，但是随着社会环境的变化，缓慢的进化已经跟不上现实的步伐。如果我们再用我们的本能去面对这个变化越来越快速的世界，那么我们可能就会慢慢被淘汰。

因此，要想让自己跟上时代的步伐，那么就需要战胜更多跟不上时代的本能反应，让自己不再用低效的方式去适应和学习；不再让愤怒冲昏头脑；不再被直觉遮蔽双眼。

### 卓越之路的"本能阻碍"

那么，我们该如何开展一场"反本能"战争，让自己在水平进化中有更多的优势，变得更卓越呢？

在我们的生活中，很多人希望自己能够变得更加美好和优秀一些。比如减少自己的一点小赘肉，让自己看上去更健康，让自己的成绩更好一些，或者希望改变羞怯的性格，让自己敢于去表达。

但事实上，大多数人都没有办法实现自己的愿景，否则也就不会有那么多人对生活有那么多抱怨和不满了。那么，到底是哪些因素影响了我们走向卓越呢？

**1. 阻碍我们走向卓越的第一个因素：认知模式的稳定性**

俗话说"三岁看八十"，在我们很小的时候，我们的行为模式就已经被外界环境培养起了一个较为基础的模式，作为我们后期认知事物的模板。当我们遇到相似的场景时，我们便会提取以前相应的行为作为反应。

也就是说，当我们面对一个事物时，我们的行为都会经过一个"图式"，而改变的本质则是换一个"图式"。但是这个过程非常困难，因为这个图式已经伴随了我们十几年甚至几十年。而且年龄越大，"图式"印刻越久，改变的难度也越大，所以我们也能理解为什么我们的父辈相对来说比较固执一些。

我们在生活中，常常会听到"首因效应"，我们可能会因为对方给我们一开始留下的好印象而认为对方不错，后期即使对方犯了错误，我们也更倾向于认为这只是偶然。

实际上这也是因为我们的"心理图式"比较难改变的原因。我们会将第一次与对方接触的印象当作我们认识对方的"心理图式"，思考关于对方的问题大多会经过这个图式，也就是倾向于往最开始的印象的方向上去想。

其他方面也是如此，为什么我们对"第一次"的印象都非常深刻呢？因为我们已经将"第一次"所经历的事情当作我们认识这类事物的"心理图式"，当我们遇到相似的事物时，我们会通过这个"图式"去做反应。改变之所以困难，就是因为"图式"的本能很难被改变。

**2. 阻碍我们走向卓越的第二个因素：急功近利**

有些时候，我们让自己变得优秀的办法本身没有问题，但是我们可能在付出的过程中，在看不到想要的结果时，便会选择放弃。

比如说，一些人想要减肥，坚持了三天的运动感觉没有效果，觉得自己的方法有问题，不断调整不断修改，反而让自己疲于变化而消耗更多的能量，不利于我们想要的改变。

记得以前一个朋友告诉我，她上学的时候有段时间非常努力地学习英语，但考试结果总是不理想。后来，她索性将重心放在其他科目上，这个时候她的英语成绩反而突飞猛进。看上去感觉反而是"松懈能够提高成绩"。

事实真的如此吗？不是的，因为我们的收益都存在滞后性。改变并不会立刻发生，而是需要时间的累积才会出现效果。当自己开始放松的时候，以前的积累反而开始出现了成效，但是这个时候我们以为是我们"玩"的状态带来的。

因为大多数时候我们侧重的思维都是"同时性"，我们看到的事物是以光速传递到我们的视线中，我们的感觉是以光速传递到我们的大脑，以至于我们觉得生活中的大多数事物到被我们感觉到是同步发生的。这就造成了我们思维的"短视偏向"——无法立刻看到成果，我们就会对可行性产生怀疑。

但是，与我们的感官相反，我们的付出往往需要一定的时间才会体现出来，我们称之为"效益滞后性",这与我们的思维惯性相悖,所以当我们付出不能很快出现我们想要的结果时,我们就会倾向于怀疑和放弃。

因此,很多人没能在正确的路上坚持到成果出现的时候,也与优秀无缘。

**3. 阻碍我们走向卓越的第三个因素:一直停留在舒适区**

足球运动员会被要求用反脚踢球,或者以最快速度跑完全场。但是足球爱好者则没有教练强迫,他们更倾向于用他们喜欢的方式去踢球,他们只是享受这个过程。

后者就是在自己的舒适区去行事,所以他们的球技进步水平也更有限。而足球运动员则是被要求用各种不舒服的方式去踢球,虽然感觉挺折磨人的,但是他们也因此变得更优秀,进步更大。

生活中也是如此。我们更多地会用我们习惯的方式去学习、去工作,但是这很难让我们进步。这就像一道数学题,可以有很多种解法,但是我们一直用自己最熟悉的解法去解题,直到有一天自己的解法行不通了,但是自己并没有在日常的练习中学会其他解法。

所以,我们也不奇怪为什么有的人有十年工作经验但是却还没有成为专家,因为他们并没有积累十年的经验,而是同样的经验用了十年。当遭遇瓶颈时,他们又没有其他特长,于是只能一直停留在自己的层级中。

大多数人不愿意离开舒适区,很大一个原因是因为,离开舒适区往往意味着短期的效能降低。就像左脚踢球的运动员一开始会踢不好一样,用别的方式解数学题会花费更多的时间。

所以,在这个过度注重效率的社会,人们更难有精力去试错。用熟知的方式去完成任务,虽然速度能够更快,可是这并不利于一个人的成长,不利于一个人走向更优秀的水平。

凡此种种,走向卓越的过程充满非常多的阻碍,大多数人的"优秀之路"往往都会以失败告终。

## "总有人会赢"

不过,走向优秀的路虽然有很多本能障碍,但是依然有非常多的成功者。他们的经验也可以帮助大家提高自我改变的成功率。

也有一些心理学家通过大量实验,找到影响我们改变并变得更优秀的因素,告诉我们改变的策略。我们的改变历程,更像是现在的自己与过去的自己博弈。我们想要战胜过去的自己,我们需要知道对手的下一步棋。当我们知道过去的自己下一步棋要怎么走时,我们就能根据他的方式预防性修正,达到战胜自我的目的。

绝大多数人缺乏的不是战胜慵懒和胆怯本能的勇气,而是改变的技巧,而这才是走向卓越的关键。

这本书的目的正在于此，它更注重于启发性。一些书告诉大家战胜拖延可以用"番茄工作法"、心理奖惩等方式；大家想要变得会沟通，他们就告诉我们要多去赞美，多尝试。但是他们很少告诉大家，为什么可以这么做，这么做背后的原理是什么。

这就像告诉我们一道数学题怎么做，我们不知道原理，遇到它的"变形"我们可能就会束手无策，更不用说自己去做方法的创新了。

而这本书不仅给出了很多具有实操性的方法，而且尽多地解释一个行为产生的原因和背后的根本。让大家不只局限于这本书的方式，而是可以根据原理去寻找更为适合自己的改变策略。

我也清楚，很多人在互联网时代看的文字大多是文章的类型，它们更短更精悍，虽然能够快速让我们获得很多零碎的知识，但是我们的耐心也在这种状态，即在越来越多偏娱乐和短小的文章阅读过程中，慢慢被消磨。看到有用的东西，很多人不是认真看完，而是收藏起来等有空再去阅读，但是却很少打开自己的收藏夹。

所以，我希望大家阅读这本书时，能够真正耐下心来，不要像浏览网文那样没有深度地看完。因为只有耐下心来，才能够让自己进步得更快一些。**李小龙也说过，"我不怕会一万招的人，我只怕一招练一万次的人"。**如果没有深度思考和训练，那么学到的东西也很容易只是"花拳绣腿"。

我们在用手机阅读的时候，并没有全身心地投入，因为手机对我们的"心理唤醒"更多的是社交性和娱乐性。也就是说，即使我们认真地用手机阅读，我们还是带着社交和娱乐的情绪和知觉，这样做不利于获得更为深刻的知识，这种状态的知识吸收效率并不比边吃饭边阅读高。而纸质书的阅读模式相对来说，对大多数人更为高效，因为我们对纸质书的知觉带有更多的学习性。

另外，"干货"始终没有"鸡汤"那么容易让人接受。用一个朋友的话讲就是："鸡汤"它更像是色情按摩，你哪里舒服它就按哪里；而"干货"它更像正规按摩，你哪里不舒服它就按哪里。

"鸡汤"读起来会爽，也能够"饱腹"。但是它可能并不会让自己更"健康"，让自己变得更美好。而"干货"读起来让人觉得很烧脑，但是它却能够让一个人变得更加完整。

虽然这本书为了实现科普性和体现实用性，在专业性方面有所调整。但是它依然是"干货"类书籍，还是需要花费些精力才能够更好地理解的。我也相信，能够认真看完这本书的人离自己的目标会更近一些。

接下来，让我们在思考和学习中，一起变得更有趣、更优秀吧！

第一部分

# 反本能之自我提升

——战胜低配的自己

在生活中，我们经常会遇到这种情况：

读书时代，我们总是在寒暑假背着一兜沉甸甸的书籍回家。想象着自己看完一本本宝典之后的提升，心里也总是不由地产生一股自豪感。然而现实总是那么残酷无情——背着多少书回家，往往就原封不动地背多少书回去，能够看个十分之一就已经谢天谢地了。

长大后工作了，腾出了一天的时间，计划好了这一周的任务。但是当最后一天晚上到来的时候，回看自己的计划清单的时候，总是惊奇地发现，自己完成的任务还不到计划清单上面的一小半。

我们一直在成长，人格也日臻成熟，但是有一些习惯却并没有随着我们成长而变好，比如拖延的习惯。拖延的惯性非常大，它带来的短暂愉悦感让我们"根本停不下来"。

当自己意识到明天就是"deadline（最后期限）"时，又通过伤害自己身体的方式去完成迫在眉睫的任务。久而久之，这种行为模式成为我们的倾向，成为我们行为的第一准则——不到最后一刻，坚决不行动。

曾有一个近500人的样本调查显示，大概有75%的人认为自己有一定程度的拖延症，而有将近一半的人认为不知不觉时间就不够用了。而在"占据我们日常生活时间最多的事情是？"这个问题中，有七成人选择了微信。

单纯从这两个小问题就可以大概知道，我们生活中拖延的情况有多么普遍。而手机，尤其是微信的使用对我们一天时间的占用是非常大的。拖延，可以说是每个时代的通病。

每个人或多或少都有拖延的倾向，而拖延的原因则千差万别。

但是，一切的拖延原因都有其背后的心理学、生理学和进化学的解释。那么，拖延的根源到底是什么呢？

接下来，让我们更为全面和透彻地认识拖延。

第一章 | **根源探索**
——事情那么多,我们为什么总想拖延

"知其所以然"才能灵活地克制拖延的本能。凡是客观存在的现象,都有其存在的根源。即使一个行为是负面的,我们在一开始可能也是抱着积极的动机。如果我们不能够看清楚这些根源,那么我们就无法用理性去约束我们的本能,最后只能成为本能的奴隶。

# 感性 VS 理性
## ——我们为什么那么不懂得克制自己

柏拉图说过,"人类头脑中有一位理性的御车人,必须驾驭一匹桀骜不驯的马,只有用马鞭抽它,用马刺刺它才能使它就范"。这句话实际上就已经蕴含了人类知觉中理性与感性的关系。

心理学家普遍认为,人类大脑内部始终存在着两个相互关联但又各自独立的运作系统:第一个就是感性面,这个部分的自我属于天性本能,能够对事物产生情绪,知觉痛苦和快乐;另一个是理性面,也叫反思系统,这部分大脑能够进行深思熟虑,观察并且反思行为。

控制我们感性面的大脑区域叫边缘系统。心理学家保罗(Paul D. MacLean)认为,在进化时间上,边缘系统比我们的前脑出现得更早。边缘系统同时也调节我们的本能,它更多的作用是促使人进行自身的生存和物种的延续。

而生存是靠一个二元系统——"战斗和逃跑"来处理和实现的,它并不会从失败中学习,没有感觉和思考的能力——它的功能仅仅是执行。研究也发现,人类的绝大多数行为的产生都是来自这个区域。

而控制我们理性面的大脑区域,我们称之为新大脑皮层(前脑)。它在进化的时间上较边缘系统更短,后者可能有超过几十亿年的进化,而新大脑皮层可能只有几亿年的时间，这也就注定边缘系统的留存部分对人类长期生存的意义更为重大。

但是后者在功能上也非常重要，对动物进入群体生活和在恶劣多变的环境中生存下来都有重要意义。希思兄弟（Chip Heath & Dan Heath）的《瞬变》一书中，就用一个生动的例子说明了新大脑皮层对我们的重要性：

> 你家的哈士奇不会将粮食储存起来，等冬天来了不方便外出觅食的时候再拿出来，但是你会。你晓得要控制自己短期享乐的欲望。这个时候人类行为的决策，更多是新大脑皮层在起作用。

大脑在进化过程中，并没有像尾巴一样消失，而是在原来大脑的基础上进行构建。这也让大脑中存在了更多的原始本能的成分。不过，这对于人类的生存也是非常有益的。

弗吉尼亚大学的心理学家乔纳森·海特（Jonathan Haidt）的著作《象与骑象人》中将人类的感性面和理性面的关系也做了更为深刻的类比阐述。他将我们的感性面比作大象，而理性面比作骑象人。骑象人懂得分析，更为高瞻远瞩，他会对大象下达行为的命令。但是他对大象的控制能力时高时低，很不稳定。而我们的感性面，也就是大象更为庞大，而且"听不懂人话"，骑象人无法一直对其有很好的控制权。如果大象和骑象人对前进的方向不一致，骑象人对此往往束手无策。

这就是感性面与理性面的矛盾——一个渴望及时享乐，而另一个懂得克制自己。不过，在生活中我们的决策大多都是感性的，带有情绪的。

当然，感性与理性也不是一直矛盾着。很多人喜欢做计划，实际上就是在满足骑象人（理性面），它对计划阶段带来的满足感大于执行阶段。而想要说服大象（感性面），不能用"人话"，它听不懂，这也是我们知道计划很不错但很难去执行的原因。

而想要让自己执行起来，则需要我们感性面的配合。前者负责分析，后者负责执行，当它们方向一致的时候，它们的合作会很完美。

# 虚假的疲劳
## ——为什么我们总想要放弃

一台连续不断工作的机械，可能因为金属疲劳现象而折断，也可能因为摩擦过度，产生太多的热量而烧坏。人类也是如此，如果一直处于工作的负荷状态，那么我们也可能像机械一样提前报修或者坏掉。为了减少这种问题，我们的大脑一直在保护我们。它会通过各种形式的提醒和行为激发，让自己恢复，或者告诉我们它累了需要休息。而大脑常见的保护机制就是睡眠、遗忘、逃避和不适应反馈。

## 大脑的机能保护

美国《科学》（Science）杂志在多年前就发布了睡眠与老年痴呆症关系的研究。研究发现，睡眠不足很可能是导致老年痴呆症的因素之一。巴尼斯朱迪亚圣彼得医院的研究人员，以基因培育出有痴呆症的老鼠为对象，研究了它们的β-淀粉样蛋白（β-amyloid protein）水平。老年痴呆症患者脑内往往有这种蛋白沉积。

研究显示，老鼠清醒时β-淀粉样蛋白水平上升，而入睡后下降。戴维·霍兹曼（David Holtzman）博士指出，当研究人员干扰老鼠睡眠时，情况会变得更糟。

也就是说，睡眠被剥夺，不利于大脑中 β-淀粉样蛋白的排泄，它们会慢慢在大脑中积累。而想要分解或者排泄 β-淀粉样蛋白，就需要消耗更多的能量。

在这种状态下，我们难以很好地调动自身的机能，我们的工作效率会大大降低，处于一种困倦的模式，表现出迟钝和打不起精神的状态。这就像电脑后台碎片文件越来越多时，电脑的运行被占用一样，这时，处理我们想要运行的程序的速度就会越来越慢。

而如果长期处于这种状态，我们的大脑就会提前"钝化"——患上大脑疾病，这就像电脑经常出现死机和文件丢失一样。

大脑是一个占据身体重量大约 2% 的器官，但它却需要消耗身体约 20% 的血氧和 25% 的葡萄糖。**当大脑感知到身体的能量下降太快时，它会通过各种方式来增加自己的能量并减少自己的负荷，同时限制其他身体部位的能量消耗水平。**

比如在缺氧的时候，通过打哈欠的方式，让大脑短时间内获得足够的氧气。另一方面，则是限制我们的工作强度，当我们长期处于较高的压力和工作强度中时，大脑会通过各种方式让我们发现自己处于一种怎样的状态。

## 虚假疲劳感

如果你经常长跑，可能会有这样的经历：你觉得跑得很累，再跑下去快吃不消了。并且脑海里不断地回响着"我跑不动了"的声音，但是一想到离自己定的里程还有点距离，就决定让自己咬咬牙坚持，于是继续跑了许久。不知不觉中，你发现自己没那么累了，而且不知不觉竟然坚持到了终点。

为什么会出现这种现象呢？答案依然在于大脑对自身的保护。生理学家将我们运动中第一次感到的疲劳感称为"**虚假疲劳感**"（false fatigue）。

开普敦大学运动科学教授蒂莫西·诺克斯（Timothy Noakes）认为，**运动过程中第一次感到疲劳往往不是因为肌肉无法继续工作了，而是大脑过度保护的监控系统发挥了作用。**

大脑为了让身体减少能量消耗，往往倾向于让我们选择低能耗的途径去工作或学习。一旦我们要做的事情不是我们习惯的和熟悉的，那么大脑就会将这种行为归类为高能耗行为，进而限制我们的高能耗行为。

这与达尔文所说的头脑进化原则相似——**照顾生存是头脑的主要任务，只要是对生存有所威胁，它就会做出强烈反应。**

尤其是当我们遇到非生物性需求的耗能行为时，我们的大脑潜意识会告诉自己不要去做。这种反馈在不发达的原始社会有着非常重要的意义。因为在复杂多变的原始环境中，消耗太多的能量不利于自己接下来的捕食和逃跑。

没有足够的能量不能捕获到食物并逃脱天敌伤害，也会在自然选择中被淘汰，而剩下的也就养成了"偷懒"的天性，所以在我们的生活中，也不难看到很多动物吃饱就睡，睡饱就吃。对于人类来说，到今天大脑还存有非常多的这种进化遗留。

我们在接触新事物的时候，在初期往往比较容易退缩。因为在理解新事物的时候，我们往往需要消耗很大的认知资源，这种不熟悉的感觉会让我们的大脑把这种陌生的事物归类为让我们"疲劳"的东西，进而让自己退却。所以，坚持做一件让自己进步、但是不容易做到的事情，往往令人非常头疼。

## 坚持就是胜利

俗话说"万事开头难"，一个原因就在于此。我们做一件事最容易放弃的阶段是在刚接触的时候，我们会感到各种不适，非常想要放弃。实际上，这就是大脑的过度保护机制在起作用，它努力让我们走"低能耗路线"，诱导我们去享乐，希望我们放弃，不要消耗太多能量。但实际上，这种对新事物初始接触产生的虚假疲劳感，往往在大脑的承受范围之内。

就像我们在运动过程中，大脑感受到了不断升高的心跳速度和快速减少的能量供应，它会努力告诉我们自己累了，需要休息。而第一次这样的信息反馈，往往也在我们能够承受的范围内，它并不是我们肌肉不能工作了的表现，而只是一种情绪和感觉。

这个时候决定我们能否坚持下去的一个重要因素就是我们对自己能力的认知。如果我们不够自信，那么我们就会很容易放弃，而如果感觉自己有能力继续坚持，那么我们就能够在坚持过程中，慢慢消除虚假疲劳感，进而让自己坚持到底。

当我们有一项学习或者工作任务的时候，这种虚假疲劳感会在我们工作和学习的时候成为我们学习的障碍，进而造成我们的拖延。人脑的构建保留着很多的原始成分，这也注定了坚持不懈是一件很"奢侈"的事情。

# 享乐的大脑
## ——为什么我们总想玩手机

从生物学的角度看，享乐是我们的本能。无论是食物还是性，都会给我们带来愉悦感。古希腊哲学家伊壁鸠鲁的伦理观也认为，快乐是生活的目的，是上天的最大善意。他也认为在符合道德和法律规章等的前提下，追求享乐是一件无可厚非的事情。

享乐是我们的生物本能，就像吃饭睡觉一样，不可或缺。**当我们还是原始人时，能够引起我们快感和愉悦情绪的主要是性和食物。如果这两种本能不能给人们带去快感，那么人们就不会去做，那么其结局不是饿死，也会因为不热衷交配而使后代消亡。**

## "烂尾"的大脑

我们大脑的演化，在一开始并没有欲望自控的那部分。心理学家盖瑞·马库斯（Gary Marcus）在他的著作《异机种系统：思维的偶然进化》中提到，当脑中形成新的结构时，为了保持我们直立行走和跑动的功能，旧的大脑结构并不会消失。

这种"边建边用"的策略使大脑变成了一个略微有点儿矛盾的场所，甚至略微有点儿"烂尾楼"的感觉。这也一定程度上造成了一些大脑的"内部不协调"，甚至引起一些大脑疾病。

当我们还是单细胞动物时，我们一切行为的激发，只是机械性地满足机体本身的需求，这都是不用脑子思考就能够进行的。即使后来，我们成了多细胞动物，和较为高级的动物类型，也进化出了简单的大脑组织，可我们仍然没有进化出完整的自我控制的那部分大脑组织。

在进化过程中，我们大脑的这些区域并没有像猴子的尾巴一样消失，而是在原来的结构基础上进行了适当的更新和其他区域的构建。

直到现在，控制我们行为的大脑成分依然是主要充满生物本能的那部分，是处于大脑深处的那个区域，我们称之为爬虫脑（潜意识系统）。

然而这个大脑区域并没有多少思考能力，只能对信息进行极为简单粗暴的加工。看到草在动，它立刻想到的是"狮子来了"；看到黑影，想到的也是潜在的危险，进而提高我们的警觉。

它也不懂如何从失败中吸取教训，只会机械地执行能够使机体最节能最安全的生存方式。饿了它就会发出"找食物"的信号，遇到危险它就发出"逃跑"的信号，绝不停留。

而被新构建出来的两个区域——边缘系统和新大脑皮层，在对人类行为的控制上可能只有几亿年，而爬虫脑对生物行为的控制甚至可以追溯到生命出现的那一刻。

爬虫脑在进化的时间上远长于新大脑皮层，它们在保证我们生存上一直很成功，因此我们对爬虫脑的依赖更为根深蒂固。这也是为什么，**经科学验证，我们的行为决策大多数都源于大脑的爬虫脑区域。**

爬虫脑的决策大多极度趋利避害。当我们在工作的时候，它会一直诱导我们拿起手机聊天，打开电脑游戏，或者跟朋友外出游玩。因为它就是希望我们能够保存更多的能量并且不断去寻找食物和交配。

尤其是当我们遇到一点小坎坷的时候，它对我们的刺激会更加强烈，因为任何的挫败在爬虫脑那里都会被归类为潜在的威胁，进而引起"逃避"的应激反应。如果没有新大脑皮层对我们的控制，那么我们会直接向爬虫脑妥协。

而这就会造成我们的拖延，在执行过程中一旦遇到小的困难，我们的爬虫脑就会跳出来并提供各种享乐的选择，让自己避开那些让我们觉得劳累的事物。

所以，当自己感到无所事事的时候，我们的爬虫脑不会自觉地选择学习和工作。如果我们的新大脑皮层不够强大，那么我们不用多久就会对我们的爬虫脑"俯首称臣"，进入享乐模式。

### 延迟享乐

我很喜欢《堂吉诃德》里的一句话："弓不可能永远弯曲，如果没有合法的娱乐，人性将难以生存。"但是如果本身是有所追求，并不是那种安于平淡的人，过度追求享乐，则很容易让一个人走向平庸。

而一个懂得思量更长远未来的人，往往能够取得更大的成就。也有心理学实验证明，**一个懂得延迟享乐的人，更可能有较大的成就。**

美国斯坦福大学心理学家华特·米歇尔（Walter Mischel）曾针对4岁幼童进行了一项"延迟享乐"（delayed gratification）的实验。

实验方式为每次找1位幼童进入一个房间，让他们坐在桌边，研究人员在桌上放1颗棉花糖，并且告诉小孩，他要离开几分钟，在他回来以前，如果他能不吃掉桌上的棉花糖，那么等他回来之后，就能够得到2颗棉花糖。

结果，大概有 2/3 的孩子不能够延迟享乐，在实验员回来之前吃掉了棉花糖，另外 1/3 的孩子则抵制住了诱惑，等到了实验员回来，并且获得了约定的两个棉花糖。

可能有人不禁要问，谁先吃了棉花糖很重要吗？答案是：是的。10 年之后，当华特·米歇尔再次联系这些孩子的父母并且咨询孩子们的状况时，发现当初愿意等到研究人员回来的那群小孩，长大后比较能够自我激励，拥有更强的抗挫能力。而那些马上就吃掉棉花糖的孩子，则更容易分心，缺乏动力，做事的规划性也较差。

从进化的角度看，大脑对享乐的需求非常高。因为较为原始的享乐都是关系种族发展和生存的类型，无论是食物，性还是厮杀，如果对这些都无法感受到愉悦感，那么他们就会慢慢因为不吃东西而饿死，不接受性而绝种，并最终被淘汰。而那些追求享乐的个体，则有更大的生存概率。

另外，在成万上亿年前，自然界往往没有足够的食物，生活条件更为恶劣，更没有发达的医疗技术，这也就造成了我们的祖先寿命较短。而且经常处于复杂多变、朝不保夕的生活条件下，也许早上还在吃着刚捕获到的野鹿，晚上就成为狮子的盘中餐。

诸此种种的危险和落后，使我们的祖先养成了对危险极度规避、同时尽早享乐的行为模式，尽多地进食，尽多地繁殖就是他们基因存活下来的最优路径。

经过亿万年的进化，这种行为模式也早已变成了我们的本能，印刻成为基因的一部分。并且，**享乐的类型随着社会的发展开始泛化，不再局限于食物、性和攻击。但是我们的潜意识大脑不能进行细加工，凡是能够引起我们快感的，它依然会将那些行为笼统地归类为生存必需行为。**

当我们看着满桌子未处理的文件时，我们大脑的第一个反应往往是抗拒。如果没有足够的压力，比如说上级的督促和截止日期的到来，让我们感到紧迫，我们还是会选择先玩会手机压压惊的。毕竟，享乐和吃饭睡觉一样，是一种非常重要的生物性需求。

# 社会的螺丝钉

## ——为什么做事做久了会没精神

你能想象自己 24 小时处于一种亢奋状态吗？就像我们无法一直保持心跳 120 次 / 分钟一样，我们也很难一直保持对一件事情的持续亢奋。

### 人的驱动力来源

一次偶然的情况下，一个叫作詹姆斯·奥尔兹（James Olds）的社会心理学家不小心错误地将刺激大脑的电极植入到了小白鼠大脑中未被开发的区域，结果却发现，小白鼠在受到电击的时候，不仅没有逃离被电击的位置，到处乱窜，而且还非常乖巧地待在原地，貌似在等待下一次电击。

事实证明，小白鼠确实非常享受这样的"虐待式"电击，他们植入电极的大脑区域被称为"快感中心"（也就是后来的"多巴胺系统"）。它能够释放出一种叫作多巴胺的神经递质，让动物产生继续这种行为的动力。

奥尔兹也证明，如果有可能的话，小白鼠会自己寻求虐待，哦不，刺激。实验人员设置了一个杠杆，当杠杆被按压的时候，小白鼠的快感中心就会感受到电击。小白鼠一旦发现杠杆的作用，就会开启"自虐模式"，它们会不停地按压杠杆，直到筋疲力尽，甚至死去。即使你在小白鼠的旁边放置食物，它们也不会离开让自己受虐的杠杆半步。

这就是动物长期处于亢奋的后果——提前衰亡。一个持续亢奋的人就像一个心跳 24 小时处于 120 次/分钟的运动员，他注定无法长久生存，也会在自然选择中被淘汰。在长期的进化中，我们的大脑和身体系统也已经进化得更为完善，形成了一套较好规避这种情况发生的机制。

## 感觉适应的过程

我们的体内除了兴奋类递质和激素，也含有大量的抑制性递质和激素，两种递质和激素基本处于一种动态平衡的状态。这也就保证了我们能够在大部分情况下处于一种平稳的状态。但是这也注定了在大多数情况下，我们很容易对一件事情感到疲累，容易半途而废和拖延。

生物体对其自身的保护还体现在设定了"动作电位"的刺激阈值。触发神经元发送信息需要一个阈值，这个阈值会帮助我们过滤非常多的"小刺激"，也让我们避免了非常多的没有必要的刺激和动作。

人类的绝大多数能量的去处不是支持我们的运动和思考，而是消耗了将近三分之一到三分之二的能量去维持身体神经系统的静息电位。所以，想要静静地做个美男子还是很有难度的，那可是一件非常耗能的事情。

而且，如果我们对同一个神经元持续加以同样的刺激，那么这个神经元的动作电位将会慢慢降低，甚至降至静息电位的水平，也就是不再有任何反应。这样的话，我们就不会因为持续应激而让机体消耗更多的能量和产生过多的不适应感。

我们称这种感知过程为"**感觉适应**"，它指的是，由于持续暴露在同一刺激下，感觉神经反应性下降的过程。我们习惯于一种刺激即感觉适应，它意味着大脑对刺激的敏感性降低。就像刚走进电影院，我们会闻到爆米花的味道一样，过了几分钟之后，我们就会慢慢察觉不出这个味道了。

除此之外，我们在学习过程中反复接触到相同的视觉刺激时，也会产生类似的生理过程。虽然视觉系统的神经元会持续做出反应，但是强度会伴随着重复次数的增多而降低，这种现象叫作"重复抑制"。数据上大致显示，对于重复出现的物体，神经的激活水平会线性下降，6到8次的重复可以让神经元的激活水平降低50%。

同样的，当我们一直接触相同的事物的时候，并且产生了感觉适应，那我们的大脑对信息的加工会本能地自动跳过这个过程，甚至加以排斥和抑制，慢慢地让我们对它不再产生兴趣和打不起精神。我们对一件事物最感兴趣的时候是在刚接触的时候，当刺激消退后，我们就很可能对其感到厌倦。我们称这种现象为"内卷化效应"。

所以也会有一些人可能晚上一腔热情做下各种明天要改变的豪情壮言，但第二天早上起床时往往拖延症上身。因为他们已经习惯了这个过程——在一开始兴奋，慢慢麻木。以至于有时候会问自己："我有说过要改变吗？"

# 不走陌生路
## ——为什么改变总是那么困难

人类大脑的有意识的决策系统非常复杂，而决策路径相对较为固定。一般的路径大致可以总结为：

场景信息的吸收→情绪加工→记忆/经验抽取→认知思考→决策→行为

当信息刺激达到我们的感官阈值时，信息会通过我们身体的感官系统进入到我们的大脑，一般是到"爬虫脑"的丘脑组织，将信号"翻译"成大脑能够解读的语言。再提取边缘系统的海马体中的经验信息，形成一定的场景记忆，这个时候已经有较为模糊的信息思考加工可以做出应激。

但是更为精细的加工，需要通过我们理性的新大脑皮层进行认知思考，并且结合我们曾经的经历和知识，判断这种场景或者相似场景我们以前的选择。几乎同时，在大脑杏仁体产生一定的应激情绪，通过经验和记忆，做出我们当下认为的最优解，再将信息传达到小脑和"大脑警卫"网状结构采取应激行为。

当然，动物产生应激行为，不用新大脑皮层也能够完成。而不经过新大脑皮层就能够产生的行为，我们更多地称之为无意识行为。生理学家曾尝试切除小鼠的大脑皮层，结果发现小鼠依然能够进行情绪的学习和行为的反应。这也在一定程度上佐证了弗洛伊德认为的潜意识行为的存在。

这个较为固定的行为反应路径并不像大马路一样畅通，它的复杂程度可能堪比森林里面错综复杂的各种野路。大脑皮层区域本身就是 150 亿到 230 亿个神经元和数量巨大的神经胶质组成的。

这条决策路径在经过大脑每一个特定区域时，就会经过一次新的加工。而且也会面临各种选择，就像走到一个拥有成千上万条路径的交叉口，里面很多是已经被消化掉的"死路"，也有很多通向同一个区域。

任何一个环节的缺失，都会使一个有意识的行为很难产生。而在我们选择是否拖延的决策时，其中最重要的是我们对一个事物的认知和记忆/经验抽取。

### 简单粗暴的潜意识大脑

如果我们对一件事物的认知是正面的，是喜好的，那么我们会因为这样的认知，在记忆/经验的抽取中会产生积极的情绪。我们在面对这一事物的时候能够更为持久和有效率。

因为控制我们大多数行为发生的是我们的潜意识系统，可是它的思维能力又极为有限，无法进行精密的加工。**潜意识系统会把所有能够让我们产生愉悦感的事情都近似等同于"交配和进食"，认定是享乐的事情都会有保护和传承基因，所以会不断地给我们提供动力。**

当我们对一件事物抱以积极的态度时，那么它就会在很大程度上激活我们大脑的"多巴胺系统"（dopamine system），产生足够的兴奋递质，同时减少相应的一些抑制性递质，让自己持续获得愉悦感和动力，进而支撑自己的行为。

"多巴胺系统"中的尾状核（caudate nucleus）可以说是动物行为的"方向

盘"，它决定着我们行为的方向。我们经常看到一些科学家没日没夜地思考，实际上就是因为他们对科研的认知极为正面，正在享受思考的愉悦感。虽然他们是在进行科研和学习，但是潜意识系统还是会认为他在交配或者进食，不断给他动力。

但是，让一个对科学毫无兴趣的人去琢磨，他肯定会感到异常折磨，因为他的潜意识系统认为他在遭受危险。所以，也不要奇怪为什么有的人能够坚持几天不睡觉地玩乐，看书却不到3分钟就困得不要不要的。

### 大脑喜欢清晰的选择

另一方面，"记忆/经验抽取"这个过程对我们决策的影响也非常大，以至于哲人也说"我们只能想到我们知道的东西"。**如果有一个选择在我们的记忆中非常模糊，那么，我们很可能倾向于选择那个清晰和简单的。**

而这些清晰而简单的选择，大多是潜意识大脑系统提供给我们的享乐型选择，因为进食存活和产生后代是基因的第一宗旨，而能够让我们感到快乐的行为，潜意识系统都近似等同。

也就是说，如果我们没有足够清晰的指令或者目标，我们很容易选择享乐，而放弃该坚持但是比较烧脑的那些选项。

一个清晰整体的记忆需要依赖大量神经元，它们之间通过神经纤维相互关联，形成一片片的记忆网络。在我们身边，可能听过一些名人告诉我们哪本小说改变了自己的价值观，但是从来没有听过他们说看了哪些鸡汤改变了自己的价值观。

实际上，这是因为小说通过大量相似的内容加深了我们对同一个观点的看法，慢慢构建成一个能够激活记忆网络的整体。而鸡汤往往过于零碎，难以成为长期的、关联的记忆，也难以对我们的价值体系产生影响。

这里我想表达的意思大概是：你可能看完一篇鸡汤，觉得这篇鸡汤里面"念念不忘，必有回响"的观点很是赞同，顿时心血来潮想要发愤图强。

但是你在选择是否继续埋头学习或者工作的时候，这个观点可能早已经被你抛到九霄云外，因为缺乏深度和关联的基因很难被提取到。这个时候你还是非常有可能拿起手机跟朋友聊天，或者打开电脑游戏。

而**如果想要改变这种让自己拖延的决策，那么就需要我们对一种有效信念拥有足够的记忆强度，保证这个念想的鲜活性和清晰性**，当我们面临哈姆雷特式难题"To be or not to be？"时，我们才更可能坚持一件很困难、但是却会让自己进步的事情。

第二章 | **对症下药**
——当拖延发生时，我们可以怎么做

据我们的样本调查发现，很多人拖延只是因为习惯，是因为动力缺失，并且在决策中得到长期强化的一种行为模式。经济学家道格拉斯·诺斯（Douglass C. North）认为我们在行为过程中受益后，会不自觉地进行强化，并让自己不能轻易走出去。也就是会对曾经受益的行为路径产生依赖，而想要改变会变得十分困难。

# 改变很简单

## ——从简单开始的蝴蝶效应

生物在行为过程中，非常依赖经验，它们更倾向于选择过的行为和事物。生物学家做过一个实验，在喂养老鼠时混进新的食物，小老鼠也会主动剔除新食物，即使很饿，他们也只会进行非常少量的尝试。这种对新事物的适当警惕对生物的生存有重要意义。

习惯是有惯性的，之前也提到了，记忆和经验的抽取是我们行为决策中重要的一环。而**习惯本身是一种动作记忆和体验，它是我们储存记忆最为深刻和牢固的方式之一。**

在很大程度上，习惯往往也结合了我们大脑的奖惩和趋避系统，并且已经在生活中无数次被证实大脑中这一路径的可行性。当我们想要改变拖延的时候，我们往往需要战胜的是一个结合了大脑奖惩和趋避的行为机制，这也是一件难度非常大的事情。

所以**在生活中，如果没有科学方法的指导和足够强大的动力支持，绝大多数人改变自己是非常容易失败的。**这是人的动物性决定的。当然，习惯始终是一种习得性行为，它只是我们决策过程中的大概率选择，但不会是 100%。

那么，怎样才能更为有效地改掉拖延的习惯呢？

## 从简单开始

**从简单开始就是较为科学的办法之一。** 当我们在做一件事情的时候，我们最好从简单的部分开始。之前说过，我们大脑在接受新鲜和陌生的刺激时，为了减少自身的耗能，更好地保存自己的能量，会自发地进行耗能等级的归类，并在潜意识中告诉自己去逃避，不要让自己太累。

提出"舒适区"概念的发展心理学家阿拉斯代尔·怀特（Alasdair White）也认为，一个人如果一直停留在自己熟悉和舒适的区域，那么人们很难取得长足的发展。但是仓促地跳出舒适区，人们会感到非常多的不适应。最后很容易被"打回原形"，并且信心和动力会发生耗损。

这也是在长期进化中的遗迹。假设我们在充满危险的原始丛林中，当我们因为做非生物性需求的事情，而消耗了身体一半的能量时，如果突然从草丛中跳出一只狮子，我们就会没有体力逃脱。过度消耗能量在那种朝不保夕的生存条件下，意味着更大的竞争劣势。所以，大脑对能量的管控非常严格。

做一件事情从简单的开始，实际上是在降低一个行为的门槛，也是在减少这个保护机制的唤醒程度。阿拉斯代尔也认为，真正的成长大多发生在舒适区的边缘。当自己适应这种较为缓和的变化的时候，也能够更为有效并且持久地发生改变。

这就是我们对行为改变的一种适应过程。就像突变的天气会让一些动物灭绝一样，如果变化过程较为缓和，那么动物也可能会对这种缓和的变化过程产生适应，并与环境协同进化。

而在我们的生活中，也有一些为了避免激发我们保护机制的商业行为。比如说，我们所知道的一些打车软件为了改变顾客的行为习惯，它们通过各种"免费打车"的活动，降低顾客线上约车的门槛，让顾客更愿意改变自己以前的那种线下叫车的习惯。

等到顾客改变了这种习惯后，他们就开始降低鼓励使用的力度。而这个时候，顾客们也已经基本改变了原来的行为习惯，这个时候即使没有鼓励，他们也还是很容易继续使用这个软件。

同样的，我们行为的改变，也可以采用这种较为简单有效的办法。当我们要做一件复杂的事情的时候，我们要尽可能降低改变这个行为的门槛，从简单的那个部分开始。

一个人可能感觉自己非常颓废，然后给自己规划了一个满满的日程计划，可是没有坚持几天就受不了了。实际上就是因为他没有遵循较为科学的办法，跳离自己的"舒适区"太远了，也没有循序渐进，让自己的身体适应这种突然的变化，所以才会造成失败。

较好的做法是慢慢增加自己的任务量，第一天设置较少的任务量。发现自己能够完成，并且身体上没有感觉到较为强烈的不适应，之后再进行工作量的增加。这样的话，我们就能够更好地适应我们需要的变化，进而让自己的改变更为持久有效。

### 有难度的行为不利于改变

当然，对应做事情从简单开始的另一种行为模式是"斯金纳行为模式"，一些人认为从最难的那部分开始也能够减少拖延。那么，到底哪一种行为模式更好呢？

生物学上有一个概念，叫作"驯化"，指的是让一种能够分解各种有机物的细菌变成专属高效地分解一种有机物。但是，这个过程并不是直接强迫微生物分解我们想要训练分解的有机物，而是通过降低其他营养成分的含量，同时逐步提高需要分解的那种有机物的含量，来慢慢实现。

因为直接加入想要让细菌分解的有机物而不添加其他成分，细菌会产生不适应而死去。但是通过逐级进行，可以大幅提高细菌的存活率和有效分解率，更快培养出专属细菌。从简单开始也更符合人的生物特性。

就像细菌的驯化过程一般，从最难的那部分开始进行一件事往往不适合大多数人，斯金纳行为模式也存在一定的后遗症。它通过短期内的大量投入完成少部分的工作反而会造成后期对简易工作的拖延。它更适合那些只需要短期投入的工作，但是不适合我们对一种良好习惯的培养。

总之，身体对改变需要一个适应期，如果这个改变过大或者过于激烈，身体受不了，那么很容易造成"三天打鱼两天晒网"的无效重复。

倘若要让改变更长期，从简单开始能够让我们对环境产生更好的生理适应，从而避免引发大脑的保护机制。这样，拖延的习惯也就更容易战胜了。

# 给个进度条
——看得见的进步,让改变更有效

如果大家认真观察,就会发现很多网络游戏都有升级模式,而且经常是通过非常显眼、可以量化的进度条,让我们看到我们再升一级还需要多少经验值或者杀敌数等。那么,网络游戏为什么这么设置呢?

实际上,这种设定非常符合我们的心理需求——**对确定性的追求。**

### 不确定性带来的应激

就像之前说过的,我们的祖先看到草丛在动,他们无法得知里面是什么的时候,他们会产生很强的心理应激,来防范随时可能跳出来的狮子。我们对不确定性的厌恶是天生的。

也就是说,当我们面对不确定的环境时,我们敏感的杏仁体会被激活,杏仁体将应激信号传送到下丘脑,生理上则会随之释放压力类的激素皮质醇。

皮质醇的功能具有两面性。较低水平的皮质醇对我们身体的免疫有促进作用,但是较高的浓度会让血液从皮肤表皮流走,减少搏斗过程中受伤失血过多,所以一些人也很容易出现脸色苍白等生理反应。同时,高浓度皮质醇会让血液中的盐分和糖分上升到更高的水平,高盐分可以提高血液的凝结能力,高糖分可以促进新陈代谢。

但是**高皮质醇水平状态的维持伴随着高耗能**。我们处于这种应激状态对生理和心理的损耗非常大，这个时候我们非常容易为了逃避压力而选择享乐，尤其是对食物的需求，这时迫切需要补充能量。这也是人们不喜欢充满不确定性因素的环境的原因。

心理学家特韦尔斯基（Amos Tversky）和卡尼曼（Daniel Kahneman）曾经做过一个决策实验。让被试者在以下的问题中进行倾向性选择。

选项 A：肯定会获得 240 美元
选项 B：25% 的概率会获得 1000 美元，75% 的概率什么也得不到

虽然以上两个选项在获得奖励的加权值上是相同的，都是 240 美元。但是实验发现，大多数人都更倾向于进行风险规避，有 84% 的被试者选择了 A 选项，以追求确定的 240 美元。

对大多数人来说，"二鸟在林"确实不如"一鸟在手"。而这个实验也说明，我们在处理信息时，对风险有一定程度的厌恶，我们倾向于追求一种确定性，尤其是完成一个行为的时间长度越长的时候，这种倾向就越明显。

如果游戏设定依然是升级模式，但是却没有告诉你一个明确的升级进度，让你不知道自己还要多久才能够升级。那么伴随着玩游戏升级难度越来越大，往往会让很多人失去耐心，进而放弃。

而"无量化"模式正是游戏升级模式最开始采用的方式，但是后来，大多数游戏都慢慢开发成进度模式，在升级进度下面告诉你升级还需要多少付出。因为大量数据显示，"看得见"的成就能够让玩家玩得更久。

同样，如果我们想要让自己更具有行动力，也可以将这种"游戏模式"迁移

到我们的生活工作中。通过让自己看到计划的完成度，增加确定性，从而让自己更有信心坚持，也能够让自己减少拖延。

一些工具型的手机应用也开始利用这个心理学研究来提高我们的学习效率。很多单词的背诵平台都已经采用了这种可量化的方式。通过记录用户的成就（闯关、升级），并且让用户更能看到自己的成就（每天完成了多少个），进而获得更多学习的愉悦感，也增加自身平台的用户黏性。

## 行动触发扳机

当然，关于"可量化，具体性的计划"方面的研究也有心理学家做过相关的实验。

彼得·戈尔韦策（Peter Gollwitzer）和他的同事发现，"行动触发扳机"能够有效激发人们采取行动。而这里的"行动触发扳机"指的就是具有确定性和可量化的计划。

在一项研究中，他们告诉他的学生如果上交一份描述自己圣诞夜活动的文章，就可以获得额外的加分。不过条件是：文章必须在12月26号当天提交才能够获得加分。

大多数大学生都表示有意愿去撰写并且呈交文章，但是最终只有33%的人如期完成任务。该研究还有另外一批大学生也知悉以上要求，但是还要设定一个具体性、可量化的计划：学生必须规划好自己写该文章的具体时间和具体地点（比如，圣诞节早上9:00我会到图书馆二楼写这篇文章）。结果，如期交出报告的比例高达75%。

戈尔韦策的相关研究显示，**当我们所面临的环境更加复杂、情景越加不确定时，这种"行动触发扳机"的效果会更好，因为这些场景需要消耗我们更多的能量，带给我们的压力更大，我们也更容易受到压力作用而妥协。

一项研究分析了"行动触发扳机"对"简单"和"困难"目标达成状况的影响，结果发现：当目标比较简单的时候，"行动触发扳机"将成功率从78%提高到84%，而当目标是困难等级时，一个可量化的目标可以将成功率从22%提升至62%。

这也充分证明了，一个"可量化、具体性的计划"可以带来多大的效能。当我们设定了任务的进行时间和进行地点时，就会多一股推动自己的"承诺型力量"，进而规避了很多诱惑、坏习惯和其他琐事的影响。

所以，如果想要有效地减少自己的拖延，一个简单的办法就是在制订计划的时候，多给自己一些具体性的要求和可量化的进度。这么一个简单的调整就可以大幅度提高自己的效率。至于如何才算一个好的"可量化计划"，后面会有所提及。

# 有效重复
## ——让新习惯替代坏习惯

"当你每次产生一个想法时,带有这个想法的神经通路中的生化电磁阻力就会减少一些,就像在丛林里清出一条小路一样。一开始非常费劲,但是随着你经过这条路的次数的增加,这条路也会开辟得越来越彻底,你所遇到的阻力也会慢慢变小。到最后,这条小路会变得平坦而宽阔。"

上面这句话来自东尼·赞博(Tony Buzan)和巴利·赞博(Barry Buzan)的畅销著作《思维导图》。而这句话也基本阐释了重复对我们战胜拖延的影响——让我们更节省认知资源和生理能量。

经过足够的科学验证,我们可以大致知道,大脑在运行过程中,基本遵循以下三个原则:

1. 在旧的神经结构建立新的联结。
2. 形成功能高度专门化的区域,以辨别信息中的不同模式。
3. 学会从这些区域自动提取信息。

而这三个原则决定了大脑具有高度的可塑性和反应的选择性。当我们长期进行一种行为的时候,实际上就是在构建新的联结。当这种联结反应足够多时,大脑会慢慢形成一个专门处理这个行为的"绿色通道"。当自己面临相似的场景时，大脑会对这种行为进行优先选择，并进一步形成自动化反应。

这就像我们小的时候可能会隔三岔五不刷牙，因为觉得它很麻烦，无所谓。但是长大后，我们对刷牙并没有多少排斥，甚至许多人一天不刷牙就感觉不怎么舒服。

实际上，这就是因为刷牙这个行为已经在长期的重复过程中形成了自动化反应，我们起床后可能忘记吃早餐，但是很难忘记刷牙。

围棋 AI 机器人 Alpha Go 通过程序的设定，可以判断出让自己获得 51% 的获胜盘面的走法和选择。同样，我们的大脑在做选择时也遵循一定的"程序"。当我们不断重复一个行为时，会加大这个行为的选择权重，从而在下一次面临选择的时候，在这个行为上有更多的偏向。

人类大脑认知功能由神经元组成的网络协同完成，每一个单一神经元并不单独承受独立任务。如果神经元网络不断处理相同的输入刺激，此神经元网络内的工作分工会越来越精细化，专门化。

随着效率的提高，一部分神经细胞就不再参与到信息处理过程中，这样大脑就达到了节省认知资源和生理能量的目的。而一旦一个行为让大脑感受到"节能"，那么它就会在众多的选择中获得优先权。

对于没有当众演讲经验的人来说，他们面对台下满满的人时会紧张，这个时候大脑会释放一种会让自己脸红且心跳加速的类激素（皮质醇）。

但是对于那些上台经验丰富的人来说，他们大脑分泌的皮质醇含量较低。相反，很多久经讲台的人的大脑会释放更多的多巴胺，也就是他们已经对这种场景产生了期待，并且享受这个过程。

同样，当我们第一次面临两难选择的时候，我们的大脑也会分泌压力激素皮质醇，但是随着我们对这个选择尝试次数的增加，可能不一定会释放愉悦因子，但是至少可以让我们在选择的时候不会有太多的压力，从而消耗过多的认知资源和生理能量。

但是，重复也要讲究效益，并不是说，短时间内大量重复就能够让自己有明显的改变。**这不仅事倍功半，很累人，而且会打击人们想要改变的信心和动力。**习惯的形成最主要的特点是稳定性，细水长流式的改变会更有效、更持久。

正如张爱玲所说"忘记一个人最好的方式是爱上另一个人"。同样，想要改掉一个坏习惯最好的方式是用另一个习惯来填补它。**想要改变拖延这个习惯，则需要我们开辟出一条新的行为路径去替代。而这条路径的开拓，需要我们不断地重复。**

很少人会因为"吸烟有害健康"的警示语而戒烟，因为这种建议并没有给人们别的行为模式去代替吸烟。而那些能真正戒烟的人往往是从抽电子烟开始而慢慢控制下来。这个方式的原理也是如此——一个行为的改变最好有另一个替代行为。

当这条行为路径的加权数大于拖延的路径加权数时，我们就会更倾向于新的行为路径。

# 心理奖惩
## ——让改变像玩游戏一样有趣

我上学的时候非常喜欢去图书馆学习。一开始的时候，我经常喜欢挑选那些没有人能够看得到我的地方，远离喧嚣，安安静静地学习。

但是后来我发现了一个问题，就是自己看书看不到一会儿就会走神得非常厉害，而且总是回不过神来，于是，"愉快的"一天就这么过去了，而我依然脑袋空空，毫无收获。

### 社会助长

后来，我在戴维·迈尔斯（David G. Myers）的《社会心理学》中看到一个概念——社会助长作用。**社会助长作用讲的是，当我们在做自己擅长或者不需要高技术要求的事情时，我们会因为身边有其他人而使效率得到提升。**

社会学家特里普利特（Triplett）通过对自行车手的成绩进行观察发现，自行车手在一起比赛的时候，他们的成绩要比单独和时间赛跑时的成绩好得多。

在他的另一个实验中，他要求儿童以最快的速度在渔用卷线上绕线，结果发现，当儿童在一起做这件事情时，他们的速度都比单独完成时快得多。

而读书相对来说，并不需要很高的技术要求，基本不用极为精密的"操作"，所以我后来也根据这个心理学效应进行位置调整，选在那些周围能够让几个人看到的地方。

后来的体验也确实证明学习效率有较大提高。除了少数"虐狗"的人，来图书馆的人大多都是来学习的，他们的行为也影响我，也一定程度上刺激了我潜意识里的竞争意识。

另外，当我偷懒时，我就会感到行为与周围不一致的不愉悦，进而让自己更专注地学习。至少，跑神不到一会儿，眼前晃过一个人就会把自己的神叫回来了。

实际上，社会促进是一套监督机制，它利用的是我们对自己的形象管理需要。人区别于动物的一个特点就是人具有社会性。我们很多行为的习得是基于社会约束和社会提倡。

当我们处在个人世界的时候，我们的行为会更加接近自己的本能。所以，也有人经常提到：看一个人的人格品质就看他一个人的时候的选择。当我在图书馆选择没有人打扰的地方学习时，实际上我就更容易做出基于本能的反应——走神和偷懒。

而后来选择到人多一些的地方，一定程度上也是给自己构建了一个监督自己行为的机制。当自己想要偷懒时，自己会受到周围其他在学习的人的影响。同时，为了维护潜意识里受到认可的社会形象，这种需求会推动自己对学习的投入度，进而提高学习效率。

除了社会助长效应可以充当我们的监督机制，还有哪些可以用来充当监督机制的心理学效应呢？另一个较为简单的办法是，对自己实行严格的奖惩制度。

## 心理奖惩

趋利避害是动物的天性。在一定程度上，每个人内心里都藏着一条"巴普洛夫的狗"，可以通过关联学习，进而习得一种行为。一旦形成反射性的关联，那么我们就可以非常自发地进行这个行为。

生理学家巴普洛夫在进行生物学实验时，发现了一个有趣的现象：有一些狗在食物出现之前，听到送食物的人员的脚步声或其他刺激时，就开始分泌唾液。

后来他认为，狗的这种反应不仅具有生物学上的原因，也是一种学习的结果——即经典性条件反射。经典性条件反射指的是，一个不完全关联的刺激能够与会引发一种反应的刺激相结合，使得这个不完全关联的刺激能够引起同样的反应。

这种学习方式同样适合人类。以前，我朋友也是通过这种方式进行考前焦虑的舒缓。她挑了一首非常温柔的歌，在自己房间里无干扰地听上 10 分钟左右，搭配深呼吸练习，让自己尽可能地放松。并且她在其他时间不听这首歌。

几个星期的坚持之后，再听到这首歌时她会很自然地感受到舒缓。后来，她每次考试之前都会听上几次，以降低她的焦虑，让自己更专注于考试。

这种反射如果能够结合奖惩，则能很好地减少我们的拖延现象。小的时候，当我们在课堂上表现优秀的时候，老师经常会给我们盖小红花作为荣誉的象征，这个时候会引来周围小朋友的羡慕。

实际上，这就是典型的关联学习，通过小红花作为刺激，让我们习得表现好就可以得到奖励的行为，进而培养成"表现好会得到奖励"的反射。

时间管理上有一个帕金森法则，当时间越多的时候，我们就会倾向于更慢完成这个任务。当我们得知明天是"deadline"时，我们就会想到潜在的惩罚，比如被人指责不守时或者被老板批评没完成任务。而当时间越多时，我们对这种"潜在惩罚"的感受就不会那么强烈。

同样，我们在工作或者学习过程中，可以给自己设定一个时间限度，当自己在限度内完成任务的时候，我们可以奖励自己一块巧克力。而当自己没能够及时完成任务的时候，可以惩罚自己跑操场一圈之类的。

吃巧克力能在大脑中释放复合胺，让我们更愉悦，进而提高学习积极性。而适当的运动会让身体产生血清素和内啡肽，让身体恢复平静，减少焦虑。这些其实对工作和学习效率都有帮助。

当然，其中奖惩的内容可以自己设定，但是最重要的一点是严格执行。因为只有严格执行才能够发生较为紧密的条件反射，而不至于功能泛化导致失效。

# 有效放松
## ——什么是正确的休息姿势

有一次我看到公司的同事在朋友圈里发了自己熬夜赶工作进度的图文,老板看到后给他点了个赞,他也给自己评论:"我爱工作,工作使我快乐。"然而,没过几天他就到医院打点滴了……

列宁曾经说过,"一个不懂休息的人,也不懂工作"。**如果想要通过时间去堆积工作和学习成效,那么只会陷入一个低效率的死循环——白天低效,晚上补救,从而导致后续工作更低效。**

### 不休息会怎样?

大脑在"运行过程"中会产生一种叫作 β-淀粉样蛋白的物质,它会影响我们大脑的运行。就像电脑在运行过程中会产生大量碎片化的垃圾文件,进而影响电脑的运行一样,人类的大脑也是如此。

β-淀粉样蛋白会引起我们的记忆功能紊乱,持续时间较长会影响我们的语言能力和生活自理能力。这也是为什么很多人上了年纪就记忆力衰退,生活不能自理。人年龄大了之后,排毒能力会有所下降。大脑内的有毒物质在大脑内经过长时间积累,达到较高的水平,就会造成影响。

如果长期缺乏睡眠，绝大多数人都会感觉到学习效率明显降低。因为我们的大脑不仅在做眼前的事。当我们哈欠连连地学习或者工作时，我们的大脑还在做另一件事情——高耗能而低效率地排毒的工作。

长期睡眠不足，等同于加速毒物在大脑中的积累过程。在我们的工作过程中，我们的大脑除了在工作，还需要腾出一些能量去消除毒物的影响。毒物积累到一定程度时，我们大脑的记忆力和身体的免疫力都会明显下降。

所以，如果不懂得休息的话，就很难保证我们的学习和工作效率。那么，我们该如何休息才能有效地提高自己的效率呢？

## 大脑的"轮休"

**有的时候休息不意味着停下手头的工作。** 心脏是人体最高效的器官之一，在我们的一生中，它需要跳动 30 亿到 40 亿次。看上去它一直在工作，实际上它也经常在内部进行轮换休息。当心房收缩的时候，心室就休息。心室收缩的时候，心房就休息。这种轮换的休息保证了心脏长时间的工作。

所以，我们提倡劳逸结合的同时，也提倡"文理结合"等，它在一定程度上也是一种大脑内部组织的轮换休息。我们的大脑分为两个半球，虽然外形没有明显区分，但是它们控制的功能却大相径庭。

我们的左半脑主要负责语言、阅读、思考和推理，倾向于逐个处理信息，一次只加工一个；我们的右半脑主要负责的是理解空间位置关系、模式识别、绘画、音乐和情感表达，它更倾向于综合处理信息，进行整体加工。

某些行为可能只受一侧脑的支配，我们称之为大脑的**"偏向性"**。而"文理结合"的工作或者学习，实际上就是利用了大脑的这种特性。当我们在进行阅读和思考时，我们主要用的是我们的左脑，而当我们在构思图画和分类的时候，我们主要用的是我们的右脑。

当我们执行其中一种工作时，也一定程度上释放了另一边大脑的压力，让它处于休息状态。这样的轮换也能够保证我们长时间地高效学习。所以，思考数学累了就学习一下语文，工作累了就听听歌，这些都是比较有效的休息。

不过也有很多事情需要我们同时调动两边的大脑，那么，这个时候"文理结合"的局限性就比较大。我们可以考虑走动走动进行小的锻炼方式。

我们坐久了会感觉脚部和臀部麻酥不舒服，甚至浮肿。

这是因为我们坐久了，我们处于静态的那部分身体的血液循环会慢下来，而动的那部分身体血液循环还比较快。为了避免这些小毛病，一些人会不自觉地抖腿，实际上这是在抵抗血液滞缓。

大脑虽小，耗氧却很大。当我们的血液循环变慢的时候，一定程度上能够供给到大脑的氧量会降低，这个时候我们也更容易感受到困乏。

这个时候，我们也更容易受到"大脑的自我保护机制"的影响，通过各种方式，让自己选择暂停学习或者工作这样的高能耗任务，减少自己的压力。

所以，这个时候起身走动走动和到外面呼吸一下新鲜空气，可以有效调节我们的血液循环和血氧含量。当我们的大脑感受到能量的恢复时，它对工作或学习的排斥就会降低一些。

如果能够到草地上散散心会更好。很多人可能都有这样的体验：会觉得走过一片新长的草地会不自觉地感到身心放松。这是因为土壤会释放一些能够让人产生愉悦的化学物质，如一氧化二氮（又称笑气）。当我们在愉悦状态中学习和工作时，效率也会有所提高。

## 主动休息

**休息分两种，一种是主动休息，一种是被动休息。**

当我们的肚子咕噜叫时，其实已经在消耗我们的脂肪了，而当我们感受到累的时候，实际上在之前我们的身体就开始做抵触了，而这个时候的休息就属于被动休息。

所以，我们应该尽可能地保持一种有规律的休息和工作模式，在疲劳出现前就适当地进行休息，可以每工作 40 分钟，休息 5 分钟。

在方式上，看肥皂剧刷朋友圈属于被动休息，小锻炼和 5 分钟小休息属于主动休息。前者能够带来短暂的多巴胺递质增加，后者能够有效提高催产素水平。

多巴胺能够带来一定的愉悦感，但是它属于递质类愉悦因子，有效性非常短，当我们停止看肥皂剧和刷朋友圈时，它带来的愉悦就会基本停止。

而小锻炼和 5 分钟小休息产生的催产素和血清素属于激素类愉悦因子，它带来的时效会更长，当我们再次投入工作和学习时，它还能继续发挥作用。

长期的睡眠不足是很多人拖延的重要因素之一。长期的睡眠不足会导致身体的皮质醇水平更高，而当人们处于高皮质醇水平时，我们更会逃避那些让自己感到费劲的事。

人们的"夜生活"越来越丰富，人们的睡眠时间有所推迟，但是起床时间没有大变化，很多人都处于睡眠不足的状态。所以，也不要奇怪一些人明明有做不完的事情，白天依然使劲玩。

## 记忆的线索
### ——到适合的地方，做想做的事

我家楼下有一家很不错的餐饮店。这家餐饮店有很多特点，它的墙是红色背景的壁画，而且放的音乐基本是快节奏的，椅子也比别的地方高一些。

后来我了解到，原来是因为铺面费用较高，他们适当地缩小了店面面积。但是人又特别多，于是他们通过对环境进行布置，让消费者吃后尽快离开，进而提高翻座率。这家餐饮店利用的就是环境对我们行为决策的影响。

**环境对我们做出选择和改变的影响非常大。**当我们面临不同的环境时，我们提取出来的记忆会有所改变。正如我看到过的一个段子一样："一个女人只有在照镜子的时候才会记起来自己昨天的减肥宣言。"

当我们在面对镜子这一环境时，我们能够更好地关注到我们自己，进而唤醒"需要减肥"的记忆，而当我们处在另一些环境下时，我们就比较难被唤醒这个记忆。

所以，我们也经常看到，很多健身房里都设有镜子。其目的之一就是为了让我们更好地观察自己的变化。通过这种方式，唤醒我们"追求一个更完美的自己"的记忆。

纽约从"罪恶之城"变成了国际大都市，也利用了环境对人的影响这个规律。20世纪80年代，纽约市每年的严重犯罪案件高达60万件。街头随处可见各种涂鸦和僵尸车，各种手段都用过了却都没有降低犯罪率。

心理学家佐治·凯琳（George L. Kelling）建议，想要降低犯罪率可从清理地铁和街道的涂鸦开始。通过1989年到1993年五年的涂鸦清洗，到1994年的时候，美国的严重犯罪数量大幅降低了75%。

实际上，佐治·凯琳看到的正是环境对人行为的影响。一间房间如果破了一个窗户没有及时补上，那么房子的其他窗户也会被莫名其妙地打破。

当我们处于一种混乱的环境中时，我们的思绪也容易变得混乱起来。当我们看到地面脏乱差时，我们往地下吐痰时也会更加心安理得。同样，当我们周围的环境都是人在拖延时，我们也更容易拖延。

**如果想要让自己更好地战胜拖延，我们也可以通过改变周围的环境来实现。**不同的环境会让我们有不同的心理唤醒——一种警备状态，表示个体在做一件事情时生理和心理是否做好准备。

就像运动员需要通过热身让自己的水平得到更好地发挥一样，我们在学习和工作时也可以通过营造这样的唤醒状态来提高自己的效率。

当我们处在一种较为昏暗的环境中时，我们更容易感受到睡意。当我们处于昏暗条件下时，视觉神经系统接收到昏暗的信号并将信号传递给松果体后，我们体内会分泌一种叫作褪黑素的激素，而这种激素是一种促进睡眠的物质，会让我们产生困乏。

因为人体机制上已经习惯在夜间睡眠，当环境昏暗时，我们的睡眠意识会被唤醒，从而引起生理变化。所以，如果想要让自己在工作和学习中更清醒，就需要给自己营造一个比较亮的环境。如果可以的话，也可以在书桌上放上盆栽。

另外，我们最好保证书桌桌面的整洁。因为过于混乱的桌面，容易让我们视觉上收到的信息量过大，进而产生烦躁。

当我们在宿舍或者家里工作和学习时，我们会发现，自己总是会下意识地拿起手机、爬上床、跟朋友调侃聊天。这种效率肯定是远低于在办公室或者图书馆工作、学习的效率。

因为我们的习惯和思维决定，宿舍或家里是用来休息的，当我们处于宿舍或家里这样的环境时，我们被唤醒的状态不是学习而是休息，在休息的唤醒状态下学习就像刚吃饱饭就跑步一样，效率会很低。

就像当我们处于一个高噪音的环境时，我们会产生一定的心理烦躁和注意力不集中。即使能够尽量克制自己的情绪，在这种环境下学习也会消耗我们更多的精力。

如果想让自己的学习和工作效率有所提高，就要尽可能去适合学习和工作的环境中去。

当然，也有人能够克制住自己的各种意念，在各种环境中学习。不过这都需要足够多的训练去适应。如果有条件，还是没有必要这么挑战自己的。

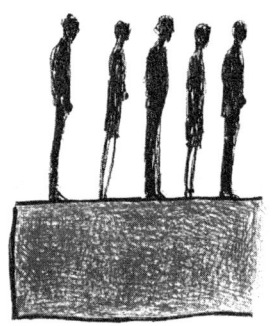
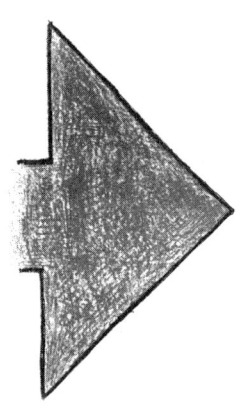

在生活中,如果没有科学方法的指导和足够强大的动力支持,绝大多数人改变自己是非常容易失败的。

# 第三章 学霸模式

## ——手机时代，如何更好地自我控制

手机这些产品背后，都有成千上万的产品经理，甚至心理学专家，他们通过创造用户对于机和应用的舒适感，增加产品的用户黏性。想抵制手机的诱惑，失败的总是大多数，毕竟"敌人"太强大。但是，"敌人"虽强大，他们利用的原理却很简单。

# 时间"黑洞"
## ——为什么我们总想刷手机信息

**信息具有生物性**，它对我们生存的功能不亚于食物和水。生态有三个基本功能：物质循环、能量流动和信息传递。而前两者的实现基本都有信息传递的参与，每个生物体都是信息的接收者和释放者。

### 信息的生物性

当一群狮子在吃一只野鹿时，在此之前狮子需要根据它获得的信息，判断哪只野鹿容易捉住并进行选择，然后再根据野鹿的逃跑方向进行伏击。

更能突出信息重要性的例子是蝙蝠的觅食过程，蝙蝠的视力极差，但是他们进化出了一套非常有技术含量的"超声波定位系统"。能够通过声波脉冲的变化很好地判断猎物的大小和方位。如果无法获得声波信息，那么蝙蝠也会因为找不到食物而灭绝。

当然，信息除了帮助我们猎取食物，还能帮我们躲避敌害。一些学者认为，生物最早出现的信息接收器是嗅叶，通过吸收外界散发出来的化学信号，判断环境和食物是否有害，进而做出反应。

当我们的祖先看到狮子的脚印或者粪便时，可以很快判断狮子在附近出没，并且选择尽快离开。当我们闻到植物难闻的气味时，我们就会判断它是否有毒，从而决定是否食入。

这就是信息对我们的重要意义——信息是我们生存的根本。我们需要足够的信息才能够保证我们继续生存下去。通过不断进化，我们的潜意识里充满了对信息的渴望。

我们需要通过信息获取食物和躲避天敌，当信息量不够充足时，我们的潜意识里会感觉到"不安全"。**这也就不奇怪，进入一个新的环境时，人们总是不自觉地环视一圈。**这样我们才能够更好地接收全面的信息，判断环境是否安全。

以往我们害怕缺乏信息是担心草丛中突然跳出来的狮子，现在我们担心缺乏信息，是因为害怕处理不及时被上司责怪，或者没有及时看到错过女朋友的约会。但是本质都是我们对信息的生物性需求，足够多的信息带给我们的是一种安全感。

所以，当我们看到微博和微信上面的小红点和数字时，总是不自觉地摁进去，即使那些信息不怎么重要。

### 分享信息能获得尊重

而信息对我们生存的重要性也延伸出了我们另一个迷恋手机和信息的原因——**我们可以通过分享信息获得尊重。**在原始社会中，信息的重要性不亚于分享食物，两者都能够提高种群的存活率。

个体占据的信息越多，那么他能够得到的尊重也会越多。所以，我们经常看到的书籍或电视情节是：群体中一个年轻力壮的人作为领袖，同时也经常存在一个老者作为种群中最受尊敬的人。澳大利亚的一些土著民族甚至用年龄大小去分配配偶，不到 30 岁的男人很难获得一个配偶。

实际上，这是因为，以往信息流的传递相对滞缓，信息的多少往往象征着经验多少，而年长的人拥有更多的经验信息，他的意见具有很高的参考价值。

同样，一个雁群中最受信任的是放哨的雁子，因为它的信息能够提高种群的生存率。而一些有经验的猎手，经常通过虚假进攻，让放哨雁产生警报，然后再隐藏。经过两三次之后，雁群就会对放哨雁产生不信任，这个时候猎手就开始展开狩猎。

这也是我们对说谎不能容忍的原因，因为虚假的信息会让生物产生关系存亡的高度焦虑。

而通过分享有效和真实的信息，则能够让我们获得尊重和信任。而这也在很大程度上造成了我们沉溺于网络社交。如果信息越少人知道，或者让我们觉得这信息更重要，分享后我们也会获得更多的愉悦感。所以，一些朋友圈里的鸡汤和谣言都很强调它的稀有性和重要性，从而达到疯传的目的。

### 信息的减压功能

除了以上两个原因，还有一个很重要的原因导致我们手机成瘾，那就是我们需要通过手机娱乐来降低焦虑和压力。

有人对日本动漫、AV 和秀场节目的发展进行了分析，发现这些娱乐节目发展得最好的时期基本对应着日本经济衰退或停滞的时期。同样，中国也有这样的趋势，经济增长放缓的时期，影视文化和真人秀节目等会出现蓬勃发展。

这也是我们常说的"口红经济"。当经济下行和社会压力过大时，人们更倾向于选择购买那些低成本且能够取悦自己的商品。那么，为什么会出现"口红经济"这种现象呢？

当我们感受到压力时，我们体内会释放一种叫作皮质醇的类激素。皮质醇能够帮助我们分泌更多的能量去对环境进行应激反应。当我们看到草丛中的一只老虎跳出来时，如果没有皮质醇的帮助，我们会在原地吓得屁滚尿流，动弹不得。

正是由于皮质醇帮助，我们的肌肉才会释放出大量的氨基酸，肝脏也会释放出更多的葡萄糖，脂肪会释放出充足的脂肪酸，从而迅速给我们提供充足的能量，让我们能够在老虎一出现的时候立刻选择逃跑或者搏斗。

但是皮质醇的含量过高时，我们的能量也会被短时间内大量消耗，这也是为什么长期处于压力下的人会变得很消瘦和更容易生病，因为脂肪、肌肉和肝脏都被严重耗损，维系自身的能量过少而排毒器官又受损。

此时，我们的"大脑的自我保护机制"就会被激活，我们的行为"方向盘"多巴胺系统就会调整行为路径，它会让我们选择一些能够转移注意力的方式，去降低我们对当下场景的激素反应，达到降低皮质醇的目的。而用手机娱乐，恰恰能够达到转移我们注意力的目的，降低我们的焦虑感。

所以，社会压力过大时，从宏观上会出现"口红经济"，从个体看则容易让人贪图享乐。而其中能够有效降低我们焦虑的信息就是八卦。

社会学家托马斯·霍布斯（Thomas Hobbes）认为，**人们总是处于相互竞争的环境中，并且在不断寻找别人的缺点。而且存在的竞争性越强，他们就越会通过寻找对方的缺点来取悦自己。**

所以，我们总喜欢看那些出众的明星的各种窘迫，因为他们占有更多的社会资源，在我们潜意识里挤压了我们的生存。这也是为什么刷屏的热点大多是出轨和"撕逼"。这两者都能够让我们看到别人的窘迫，进而在比较中获得愉悦感，短暂地降低我们的焦虑。

分享信息能够带来尊重，看八卦能够减少我们的焦虑，这些都直接导致了我们对手机和邮件等的高度依赖，由此可见信息对生物的重要性。而这也是手机和各种手机应用背后成千上万的产品经理让我们"上瘾"的方式。

# 萎缩的大脑
## ——沉迷网络社交可能让人变笨

可能有些人认为刷朋友圈和玩手机只是占据了我们大量的时间，让我们完不成任务而已。但事实是，经常上网和刷朋友圈对我们大脑的影响是持久的。

## 萎缩的大脑组织

斯坦福心理学家阿波卓德（Abujaudc）对网络成瘾者进行测试，发现经常上网的人，他们的大脑前额皮质发生了一些变化，其中记忆、语言、运动和情绪的大脑区域比正常人小了百分之十几。

另外，很多人将社交网络作为我们形象管理的工具，有很大比例的人在发朋友圈的时候都会考虑发什么内容不会引起人的反感，看到别人得赞数比我们多的时候我们会产生嫉妒。而这会过度刺激杏仁体，让我们的神经变得越来越敏感。

心理学家鲁夫特（Joseph Luft）和英格汉（Harry Ingham）提出了自我展现的"约哈里窗"，认为我们在行为和认知上会将自己分为四个部分：开放我、盲目我、隐藏我和未知我。

我们面对不同的人群时会展现不同的社会角色，而朋友圈是一个"展露公地"，即使有分组展示的功能，我们也很难一直准确地把握向谁正确地展现。这些都会对自我的同一性造成干扰，让我们产生社会性格焦虑和不协调。

还有，我们也在追求信息的确定性，经常因害怕错过信息而产生很强的手机焦虑。

像我曾经就有严重的手机幻听，因为我在实习的时候，选择了一个传媒公司，公司对社会热点有种盲目的追求，会不定时打电话告诉我追踪热点，这就造成了我在半夜都会隐约听到手机震动的声音，并起身查看。当然，因为实在有点吃不消，后来我也辞职了。

当我们长期处于令人不安的环境中时，我们会产生严重的焦虑。这会导致我们的大脑海马体变小，而海马体是我们的记忆库存，负责我们的部分记忆功能。

换句话说，经常上网和刷朋友圈会让我们的大脑功能一定程度地衰退。前额皮质会参与到我们的行为控制上，而海马体则会负责我们的记忆能力。当这两者都发生萎缩时，我们将会陷入一种负性循环——自控力和认知能力下降，变得越来越沉迷于网络社交。

所以，我们在使用手机的时候，一些非必须的应用能删除则删除，不能删除就关闭提醒功能。我个人就已经关闭朋友圈将近一年半的时间了，这也给我节省了很多时间。

## 蒸发冷却效应

关闭朋友圈后，一开始我也会感觉到不安，但是一段时间后，我发现生活根本不受其影响。可能有些人认为，没有经常在朋友圈互动点赞会让朋友的感情变淡，以后也不好叫别人帮助我们。但实际上，这样的时间投入与得到的收益非常不划算。

很多时候，我们夸大了朋友圈和社交网络对我们的社会作用。社交网络的关系有一个"蒸发冷却效应"。

它讲的是，在我们的社交场合中，最不想参加聚会的人，正是大家都希望能够来的人；最不想掏出名片的人，正是大家都想要与之交换名片的人。

相反，那些最想去结交别人的人，往往是大家最不想去结交的人；那些最想说出自己看法的人，往往是大家最不愿意听他说的人。

如果想要真正地获得别人的帮助，花在社交上投入往往是单向投入，很难具有一对多的功能。而提升自己，反而能够很好地实现一对多的功能，即使少了一个人的支持也不会对自己造成多大的影响。后者的投入与收益也更为持久有效。

# 接纳性对抗
## ——如何降低手机的负面影响

前面两节也分析了手机对我们的各种负面影响,但是手机越来越像我们身体的一部分,难以离舍。我们也越来越难通过与手机保持距离来减少手机的负面影响。手机的普及是社会的趋势,我们的生活也越来越不能没有手机。

那么,怎样才能够更有效地减少手机对我们的负面影响呢?

知己知彼才能百战百胜。现在,我们也已经知道我们为什么会对手机如此沉迷,了解手机背后成千上万的产品经理和心理学家对我们的"小把戏"后,我们也才可以对症下药。

### 1. 增加确定性

大脑害怕不确定性,那我们就提供确定性。当我们感受到周围环境的安全时,我们就可以很大程度上降低对手机的依赖。那么,我们该如何提供给大脑确定性呢?

前面也说过,我们之所以害怕错过信息是因为,我们怕对方不理解我们从而责怪我们。所以,我们可以尽量让对方知道我们在干吗。

比如,对方发来一条微信信息,但是看到你的头像里面写了些字,点进去看,知道你现在是工作时间,只能晚上 8 点后才有空回复他,这个时候他会对你多一些理解，而你也可以减少不被理解的焦虑。

还有，我也会提前跟一些经常找我有事的朋友说明情况，微信不能及时回复，最好邮箱或者打电话给我。并且修改了自己的备注，加上自己的联系号码。这样的话，如果对方确实有事，就会打电话给我。发微信信息的情况，我就默认为不急，即使上班期间错过了也不担心。

我个人就是在这种方式下，忙起来的时候可以做到几天不打开微信，也少了很多无端的焦虑感。

**2. 提高我们的手机娱乐成本**

我经常在出门前会卸载一些很耗时但非必需的应用，比如说，微博和知乎。当自己在路上想要刷知乎或微博的时候就要重新下载，可是考虑到流量费用，我就会却步。

我就是通过简单地增加享乐成本来减少自己在手机上的时间消耗的。千万不要小看这种看似笨拙的办法。人都是权衡利弊的动物，当我们感知到一些事情的成本高于收益时，我们就会重新考虑。

心理学家罗斯（L. Ross）和尼斯伯特（R. E. Nisbett）曾经做过这样一个实验：他们区分了"热心学生"和"自私学生"，其中一部分学生收到一份简短的信，被告知下周将举办爱心食物捐赠活动，请他们带上食物到学校广场。

而其他学生收到一份较为详细的信，包括捐献的活动地点和对食品的一些要求，还建议学生顺道经过学校广场时捐赠，那样就不用多跑一次。两份信随机赠送给了"热心学生"和"自私学生"。

结果显示，收到详细信件的学生中，有42%的"热心学生"捐献了食物，"自私学生"也有25%的学生捐了。而收到简单的信的学生中，只有8%的"热心学生"捐出食物，而"自私学生"捐献率为 0。

这两个对照组最大的区别是有无地图。这么一个简单的举措，让他们感知到的成本发生了非常大的变化。它也从侧面告诉了我们：**永远不要低估一个人能有多懒**。

所以，如果想要尽可能地减少自己对手机的依赖，可以通过让自己打开一个应用的成本增加来实现。

### 3. 保持"渠道唤醒"

当我们抱着买衣服的目的去买衣服时，我们可以很快买到想要的衣服。但是如果我的目的是为了休闲逛街，那么我们买一件衣服所需要的时间会长得多。

后者的"浏览量"大于前者，但是收获率却没有前者高。这是因为后者的场景，我们被唤醒的状态是闲逛，还没有认真看完，我们就渴望到下一家去。

这其实就像我们在网络上学习，浏览足够多的信息不代表我们能够学到那么多知识。我在前面说过，面对不同的事物和环境，我们所产生的心理唤醒状态也不一样，而只有当唤醒和我们的目的统一时才能够让我们变得高效。

为什么很多人排斥在网上学习，而认为想看书还是看纸质书好呢？当我们打开微博时，即使在里面看到的是干货，微博对我们的唤醒也是娱乐性和社交性为主。这就导致了我们的唤醒状态和目的不一致，这样的知识很容易成为过眼云烟。

而当我们打开一本充满思想的纸质书时，因为我们在足够的教育中让纸质书对我们的唤醒更多的是学习知识，那么这个时候我们学习到的东西就会更持久一些。

所以，他们站在他们的立场就会认为想要学到更有效的知识还是需要通过纸质书。但是，网上学习其实也能达到持久有效的目的。那就是我们将我们的学习渠道特定化。

比如持续用一些电子书设备学习，当我们培养起它对我们学知识的心理唤醒时，我们就可以高效地使用电子设备学习知识。

## 完美计划不完美
——为什么充电计划总是失败

我看过一个关于胡适的留学时候的日记规划段子。大致内容如下：

……

7月13日：打牌

7月14日：打牌

7月15日：打牌

7月16日：胡适之呀胡适之，你怎么能如此堕落，子曰：吾日三省吾身……

7月17日：打牌

7月18日：打牌

……

相信我们当中很多人都遇到过这种让自己哭笑不得的场景。我们花了大半天，做了一个感觉堪比完美的计划，顿时信心满满，感觉成功就在眼前。然而，第二天却一脸卖萌地躺在床上默念：再睡一分钟就起床。然后……

古语也云，凡事预则立，不预则废。计划在我们工作和学习过程中有其重要意义。即使我们经常做计划，而且会有很大部分以失败告终，但是计划的作用不可否定。

心理学家卡尼曼（Kahneman）和特韦尔斯基（Tversky）通过实验证明，人们做决策估计所需要的时间时，往往倾向于过于乐观，低估完成计划的时间并高估计划的完成情况。

这种现象在心理学上称之为计划谬误。而且，大多数人即使有过因此而失败的计划经历，他们仍然无法很好地根据经验来改进计划。

研究证明，无论是集体计划还是个体计划，都存在明显的计划谬误。就拿我们学生时代的经历来说，我们经常制订的计划是寒假把这些带回家的书看完。然而，现实很残酷，我们当中能够完成十分之一的人就算很厉害了。

那么，有哪些因素造成我们经常计划失败呢？

脑科学家做过一个脑成像研究，发现我们在思考当前的自己和未来的自己时用到的大脑区域并不是同一个，而思考未来的自己的区域与面对他人时所用的区域相同。

当我们在做计划时，我们更多考虑的是单线信息（关注未来），而没有考虑分布信息（当前实际）。这也解释了为什么很多人即使有很多计划失败的经验和教训依然保持原来的计划模式。因为我们在做计划的时候，大脑习惯于不考虑实际。所以，我们当中大部分计划失败很正常。毕竟，那是天生的。

我们习惯于将自己的计划安排得满满的、滴水不漏。这会让我们感觉很好，但是它实际上带来的弊端也非常多。从正面上讲，严格的计划能够激发我们的潜能。但是大多数人的计划是属于严苛级别。这样的话，失败很难免。

而如果我们长期处于计划失败中，我们可能会产生一种"那又如何"的心理现象——反正也完成不了了，先玩下手机压压惊吧。这样更不利于自己计划的完成。

那么，我们该如何战胜这种原始本能呢？我们与另一个人下棋，如果准确知道对方的下一步棋甚至更多步，那么我们就更有可能战胜对方。同样，我们如果想要有效改变自己总是做出理想型计划的习惯，我们就需要知道自己做计划时会怎么进行，以进行预防性修正。

现在，我们知道大脑会倾向于低估我们做一个任务的时间，那么我们就适当给自己做一件事情多一些机动时间。如果完成一件任务需要两个小时，那么我们最好给到两个半小时，甚至更长一些。这样就给了我们要完成的任务一些缓冲时间，当我们遇到特殊情况而推迟时，也不至于带来失落感。

心理学家塔尔玛德说过："**我们并不是客观地看待事物，而总是从我们自己的角度出发看问题。**"

也就是说，我们不会去考虑刮风下雨，更不会去考虑手痒玩下手机的情况。当我们做计划时，我们更多在考虑内在因素，而很少考虑外在因素。

并且，我们考虑的状态是自己最好的状态而不是平均状态。大多数人是在这种本能的指导下做出计划的，而这样做出来的计划一般都缺乏科学性，不符合实际，所以更容易失败。

而通过对任务进行时间"预留"，实际上这也是在对我们的计划谬误进行矫正。大多数情况下，我们的计划谬误都是偏完美的类型，会经常牺牲机动性和灵活性。

即使我们的计划不那么完美，甚至看上去有些浪费时间，但是这样的计划带来的收益远远大于完美主义型的计划。

# 别让思考止步
## ——最好的办法不会一开始就出现

管理学上有一个定律：我们在解决问题时第一个产生的想法，一般不会是最好的那个。尤其是在头脑风暴过程中，大家一开始都能够脱口而出的都是最普通的解决办法。

同样，我们在做计划时，也是如此。短期计划需要完善的必要性可能不高，但是中期计划和长期计划就必须进行适当改进。那么，怎样才能更有效地改进我们的计划呢？

我的一个同事经常会跟我说，他自己的自控能力越来越差，做的计划总是完成不了。每天晚上想要静下心来学点东西，却总是无法专心。实际上，这也是大多数人的现状。

我建议他先思索并写出下面四个问题的答案：

为什么自己静不下心来，是哪些因素造成的？
在自己以往的经历里，什么时候能够静下心来？
静下心学习的时候都是因为什么？
之前的成功经验能否迁移到新的计划当中？

### 1. 质量环理论

将它们写下来，然后整理成计划建议，这样就可以通过经验来提高计划的有效性。而这种看似简单的办法背后的科学性来源于大量的生产管理实践。这也正是"统计质量控制之父"休哈顿（Walter A. Shewhart）提出的**质量环理论**，这个理论可以让我们的计划在实施过程中不断改进。

质量环又叫 PDCA 循环。PDCA 是英文单词 Plan（计划）、Do（实施）、Check（检查）和 Act（处置）的第一个字母。PDCA 循环就是按照这样的顺序进行计划管理，并且循环不止地进行下去的科学程序。

P（plan）策划：根据我们的目的进行规划，为实现目标建立必要的计划。

D（Do）实施：实行计划。

C（check）检查：根据方针、目标进行方案的检查，判断计划是否行之有效。

A（act）处置：将成功的经验进行总结和制度化。对于没有解决的问题，提交到下一个 PDCA 循环中去解决。

以上四个过程不是运行一次就结束，而是周而复始地进行，一个循环完了，解决一些问题，未解决的问题进入下一个循环，这样阶梯式上升的。

我们首先需要分析我们的现状，通过对我们自己和环境足够的了解，进行信息整合。分析其中会阻碍我们计划执行的因素，针对这些因素提供解决措施和方案。

然后通过实践，在实践过程中，检验我们的计划是否行之有效。把成功的经验总结出来，制定成相应的标准，把没有解决的问题放到下一轮的 PDCA 循环中去解决。

PDCA 循环最大的好处以及最大的特点就是能够循序渐进，不断优化。我们能够在实践过程中，不断发现自己的不足，同时改进和提高自己的标准，让自己稳步向前，还可以让我们的思想更为条理化和系统化。

我们在计划过程中，可以大致套用这个理论分析。先明确自己要达到的目标，然后进行测试，根据测试结果反馈，改进计划，再执行。

### 2. 二八法则

另外，我们应该将精力放在更为重要的那部分。经济学家帕累托提出了一个著名的社会学效应——二八法则，它对整个社会的运转具有重大影响。

它的内容大致是：**在任何事物中，最重要的、起决定性作用的往往只占其中的一小部分，约20%，其他的80%尽管是大多数，但是它们是次要的，非决定性的。**

这个法则类似哲学上主要矛盾与次要矛盾的关系，当我们解决了主要矛盾，那么我们的问题就解决了一大半。但是如果抓不住主要矛盾，那么我们会消耗非常多的精力，而效果却不明显。如果我们抓住了主要矛盾，那就像放大镜对太阳光的聚焦一样，能将能量积聚到一个点上，实现快速起火的目的。

同样，我们在进行任务规划时，如果想要让自己的工作和学习效果更好，就需要将自己80%的精力放在决定性的20%的任务上。

同时，这20%在一定程度上也能够带动其他80%的发展，我们也能达到事半功倍的效果。每个人的精力都十分有限，如果我们能很好地把握住重要的部分，那么我们就可以避免做很多无用功。

一些高效人士也根据二八法则，将日常事务分为四个象限：重要且紧急的事务，重要不紧急的事务，不重要但是紧急的事务，不重要不紧急的事务。

每天的时间很有限，我们也很难每天都完成所有的事情。想要让自己的工作从容些，效率更高些，我们就需要将自己更多的时间花在重要且不紧急的事务上。

比如着火，我们去救火就是重要且紧急的事务，但是我们平时做好重要而不紧急的事务——防火，那么也就可以减少很多焦头烂额的时刻。

因此，在计划时将重要且不紧急的事情放在首位，减少重要而紧急的事情的发生，就可以减少不必要的操心，从而大大提高自己的工作和学习效率。

# 仪式感
## ——如何更好地落实计划

上面两点大多是关于计划的制订问题，计划制订好了，接下来就是考虑如何解决了。那么，我们在计划的执行中，可以通过哪些方法让自己更高效呢？

首先，**我们可以尽量培养起一定的时间感和空间感**。我们身边可能有这样的情况，一些人高中时能够保持优秀，但是到了大学就开始吃不消。其中很大的一个原因就是，大学的作息不再像高中时那样一成不变，而是变得时忙时闲，我们也无法有一个固定的学习时间和空间。

这就导致了我们一定程度的环境适应不良。这样，我们在执行学习和工作计划时，更容易受到更多的影响。

时间感和空间感的培养，本质上是在创造一个"生物钟"，让我们在一定的时间和空间里自发调动自己的机能。"生物钟"对我们的节律控制有很大意义。就像自然时间有白天黑夜、春夏秋冬一样，我们机体内也并非只有一个状态，它会伴随着"生物钟"而改变。

当我们突然不按照我们的"生物钟"节律进行作息安排时，我们会感受到更多的生理疲劳和精神不适。而当我们遵从我们的生物节律进行作息安排时，我们的效率也会得到大幅提高。

我们应该尽力培养起这样的时间感和空间感，这样才能够保证我们的效率。当我们在学习和工作时，我们可以选择固定的学习地点和时间。

这样，我们就不用消耗太多的精力去适应新的环境了。当时间感和空间感培养起来后，我们也会产生新的心理唤醒，提高效率。

另外，我们可以让自己的计划可量化。我在前面关于自控力的章节中也说过，可量化能够带给我们更多的确定性，这样能够减少不确定性带我们的压力和不安。我们也更容易在这种状态下获得更多进步的反馈，从而构建起坚持不懈的信心。

心理学家将恐惧大致分为两种，一种是对失败的恐惧，另一种是对不确定的恐惧。脑科学家曾记录了我们在不确定恐惧中的大脑变化，发现大脑的眼窝前额皮质和杏仁体都异常活跃。

不确定性是由于信息缺乏造成的，当我们深夜单独走在路上时，或多或少都会感觉到一种莫名的恐惧，因为我们的大脑在不断尝试去预测接下来会发生什么，一旦无法预测，我们就会自发将其归类为危险信号。

我们将我们的计划进程可视化，能够减少我们在计划进行中的不安，能够清晰地知道自己还有多少未完成，而不是让自己处于模糊状态中，因猜测而消耗更多的认知能量。

这样，我们才能够安抚"大脑的自我保护机制"，让计划更为可持续。而我们看到自己的进度成就的同时，也能够感受到更多的愉悦感，大脑也会释放更多的多巴胺愉悦因子，这也有利于效率的提高。

另外，心理学家德博拉·斯莫尔（Deborah Small）等人用实验证明，**场景想象活动有助于人们改变自己的行为选择**。当我们坚持一个计划感到有点吃力的时候，我们可以将这个计划在自己的脑海中"演习"一次，想象自己正在进行整个计划。

接着,随着我们计划的进行,去考虑策略中的不足,以及环节中不妥当的地方等。这样做了之后,能够增加我们对情景的熟悉度,也能够保证计划的可实施性,从而减少潜在的问题。

利用场景想象进行计划的思考能够帮助我们理清思路,更为全面地看待事物。如果我们能够熟练地掌握这种方法,我们的思维水平和活动水平都可以得到很大提高。

在原始社会中,信息的重要性不亚于分享食物,两者都能够提高种群的存活率。

# 第四章 学习的障碍
## ——为什么付出了却没有回报

社会学家埃德蒙·休伊（Edmund Huey）曾经说过一句非常深刻的话：真正了解阅读时大脑的运作过程，会是心理学家最大的成就，因为这能够描述人类心理中诸多错综复杂的运作，揭示整个文明的诞生。现实中，我们学到的很多东西都会慢慢遗忘，有些知识我们发现特别难学，有些知识感觉学懂了但是不会用。这都有哪些原因呢？我们的学习过程中又存在哪些问题呢？

# 知道感
## ——知道了就代表懂了吗

可能我们上学的时候都有过这样的体验：考试的时候，看到一些题目觉得自己会写，可是无论如何都想不起来具体的知识点。又或者，考试前感觉整张试卷基本都会答，自我感觉良好，直到试卷发下来……

**1. 知道感**

这其实就有"知道感"的原因。**"知道感"**就是我们自以为把信息储存到了记忆中，自以为掌握的主观感觉。缺乏足够的练习，我们学到的很多知识其实是不牢固的。

有的时候，别人在问我们学过的相关问题时，如果没有给我们一些提示，我们也很难记起来。这就像同一个问题设置成选择题和填空题，选择题我们更容易做正确的原因，因为前者在选项中提醒了我们。

我们听了一场讲座，听的时候总感觉收获颇多，有时甚至感觉热血沸腾。但是再过一个小时，我们吃个晚饭之后，再让我们回忆讲座讲了些什么内容，我们大多数时候都想不起来，只记得讲师好像很博学的样子。

而那些我们听过的讲座内容，因为没有得到强化和巩固（比如做笔记），就会像电影《头脑特工队》里面的"记忆小球"一样，很快被磨灭而遗忘。

"知道感"对我们大脑的意义是节约我们的认知资源,当我们短期内重复接触相同的事物时,我们的大脑会产生"重复抑制"。内在变化是,神经元的激活水平会下降,而外在变化是,我们会对我们所要学习的知识和内容进行自动化潜加工,绕过一些神经细胞。

也就是说,"知道感"只会让知识在我们的大脑中进行粗略的浅加工,很难在我们的头脑中留下足够深刻的痕迹,形成长时记忆。

### 2. 刻意训练

丹尼尔·科伊尔(Daniel Coyle)在其著作《一万小时天才理论》里面引用过一个**"刻意训练"**的概念。我们当中的大多数人都习惯用自己熟悉的方式去生活,熟悉的方式去解决问题。但是这样很难让我们进步。因为我们在用我们舒服的方式去生活和解决问题时,是以自动化的方式去进行。虽然能够节约我们的认知资源,但是却让我们不再需要更多的思考。我们也很难取得长足的进步。

科学家们通过考察花样滑冰运动员的训练,发现在同样的练习时间内,普通的运动员更喜欢去用自己熟悉的方式滑雪,而那些优秀的运动员则更多地练习各种高难度动作。

普通爱好者踢足球纯粹是为了享受踢球的过程,而职业球员则会集中练习各种极端不舒服的动作,比如反脚踢球。真正的练习不是为了完成运动量,其实,**练习的精髓是要持续地做自己做不好的事。**

如果我们在学习和工作过程中想学到更深刻的知识,那么,我们就需要适当地离开自己的舒服区,而不是反复用那些我们已经掌握的方式去解决问题。

即使我们不得不用同一种方式去解决问题,我们也应该增加它的"刻意性",多去思考为什么这样做和怎样改进它的问题。

为什么有些人工作了十年都没有成为一个行业的专家，很大的一个原因就是因为他的"知道感"。他们已经在长期的工作中知道这种方式可行，而且没有出过问题。当他们下次使用这些方式去解决问题时，他们可以熟练地操作，但是他们这个时候其实已经没有在思考了。

很多人的职业瓶颈就是这样产生的。再有难度的工作，在不断地重复中也会被简化成"流水线"，技术含量被大大降低，他们把脑力工作变成了体力工作，做再多也不会有明显的进步。

### 3. 短期效能的取舍

坏习惯的纠正，我们可以通过稳定的方式来改掉，因为那符合我们大脑的"效率至上"原则。

但是在学习新技能的过程中，我们需要投入更多的时间和精力，而我们也应该在时间允许的范围内多尝试一些办法。因为"刻意训练"的初期常常伴随着"短期效能"的降低，但是能够带来长远的成长。

拿我自己来说，我初学电脑的时候，总是对键盘感到很排斥，觉得它的速度比我手写慢太多了，所以我能够坚持用手写的就坚决不用键盘打字，但是后来实在没办法了，不得不学习用电脑处理文稿，当自己习惯用键盘打字的时候，才发现自己的效率提高了几个等级。

同样，我们在学习一些新知识时，会因为对原有方式的熟悉和新方式的陌生而选择熟悉的方式，排斥新方式。这会让我们错过更大的世界。而如果我们想要更好地学习新的技能，就一定要克制自己的本能反应。

正如吴秀波所说的："不逼自己一把，就永远不知道自己有多优秀。"当我们习惯了新的方式，我们的能力也会有所提高，这样也才能突破自己的成长瓶颈。

# 注意的注意力
## ——我们真的全都学到了吗

认知心理学家菲利普·津巴多（Philip G. Zimbardo）认为，学习是基于经验而导致行为，或行为潜能发生相对变化的过程。我们通过对信息吸收和参与场景的体验，学会某种行为或行为潜能。

这就导致了我们所学的知识有很大的主观成分，是基于某种场景的合成物。这会影响我们后期吸收其他知识，用一句话来概括就是：**"一个人手里拿着锤子的时候，那么他眼里看什么都像钉子。"**

### 1. 立场决定注意力

当我们长期处在一个领域时，我们的思维就会更多地关注这方面的知识。即使出现了不是我们领域的问题，我们还是倾向于用我们的专业思维去思考这些问题。这就导致了我们在学习一项新知识时，会不自觉地过滤掉很多信息。

著名心理学家丹尼尔·西蒙斯（Daniel Simons）和克里斯托弗·查布里斯（Christopher Chabris）为了研究人的选择性注意的现象，设计过一项实验——看不见的"大猩猩"。

在实验中，研究人员让所有被试者观看一场篮球比赛的录影带。在篮球比赛的过程中，分为"白衣队"和"黑衣队"。在观看比赛的过程中，研究人员要求被试者记录"白衣队"球员总的投篮次数。

在比赛过程中，研究人员让一个装扮成大猩猩的人走到播放录像的场地中间，保证所有人都能够看到，而且这只"大猩猩"在场地中间来回走了多次，且通过猛拍胸脯来吸引被试者的注意力。

实验结束后，研究人员对大家的纪录结果进行分析，结果发现，大家对"白衣队"球员总的投篮次数的统计误差不大。但是，当被试者被问及是否看到"大猩猩"的时候，超过一半的被试者的回答都是没有。

当研究人员要求被试者记录"白衣队"总的投篮次数时，他们的注意力都被聚焦到了某个方面，即使出现非常明显的"黑猩猩"，被试者也没有看到。这就是我们在认知过程中常出现的问题——将我们的注意力都放在某个点上，而忽视全局。

**当我们把注意力放在某个特定的范围内时，我们就会自发地忽视和屏蔽与我们目标不相关的信息，从而被我们所掌握的单一维度的信息所拘围。**

2. 思维窄化

我曾经在网上看到有人提过这么一个问题：为什么越想赚钱反而越赚不到钱？

实际上，这就是因为，在我们思考的维度不够高的时候，将自己的思维缩窄到了金钱上面。我们以为自己思考得非常全面，但很多有用的信息却因为我们的选择性注意而被忽视，而被忽视的信息又导致了我们做出错误的决定。

如果我们固定了我们的角色，那么我们看待事物所总结出来的观点会非常单调。我曾经跟朋友说，我非常不喜欢微信的朋友圈功能，因为它让我感觉非常封闭，而且这个圈子里的大多数人都会碍于朋友关系而不会去否定我们的观点，这就会让我们产生一种错觉——我们是对的。

这在一定程度上也与我们的注意力选择性有关，我们选择了那些与我们观点相近的人做朋友。这就容易造成我们的注意力窄化，很难看到更大的世界。但是，如果我们能够利用别的领域的知识来解释我们所面临的问题，我们则经常会有新的启发。

### 3. 能力的"钉子理论"

曾经有人提出过这么一个观点：**我们的能力应该像一个图钉，在一个点上很精尖，但是我们也需要足够的基本面去保护自己。**

当自己使用这个图钉时，不会让自己因触碰到钉尖而受伤。如果想要让自己在认知事物的过程中，能够更加全面和有效，最好的办法就是扩宽自己的思维面。

一些公司为了营销产品会吹嘘一些专业名词，在外行看来显得非常高大上。比如普通的不锈钢说成"奥氏体304"。

这些名词一听都感觉很有技术含量，但是本质上这些都是非常日常的事物。如果没有一些常识，我们很容易被忽悠。这也是为什么一些高价低配的商品还能够流通的原因，因为大多数人都缺乏这些常识。

我们在看待事物、学习事物时，也需要有这种多维角度看问题的想法。在我们的专业领域我们要有所长，但是别的方面的知识储备也不应该是零。这样既能保护自己不容易上当，也能在学习过程中得到更多启发。

所以，我们也应该感谢我们的基础教育，让我们在每个方面都有基础常识，扩宽我们的思维。这样，我们就不至于产生过强的专业偏差，让自己的思维发生窄化和偏见。

# 攀登障碍
## ——学习也是一个打怪升级的过程

学习的意义到最后都是为了用。即使我们读"无用之书",那些思想最后也会被我们用起来,构建成我们的思维体系和价值观念,进而指导我们的行为。

不过,无论我们读实用书还是读"无用书",如果想要让我们从中获得更多的收益,我们则需要将那些知识付诸实践,否则我们很难感受到作者的思想和目的。

### 1. 学习的等级

美国教育学家本杰明·布鲁姆(Benjamin Bloom)在其著作《教育目标分类:认知领域》中,将学习目标分为三个类别:认知、情感、技能。而这三个类别在认知领域中由低到高细分为六个层级:识记、理解、应用、分析、综合、评价。

识记:就是记忆,能回忆具体事实的概念、方法和原则等基础知识;

理解:就是把握知识材料的意义,能够解释,对事实进行组织,从而搞清事物的意思;

应用:应用信息和规则去解决问题或理解事物的本质,将其迁移到不同的情景;

分析：把复杂的知识整体分解，并理解各部分之间的联系，解释因果关系，厘清事物的本质；

综合：发现事物之间的相互关系和联系，从而创建新的思想并预测可能的结果；

评价：依照某种标准对所得信息做出评价和比较。

这六种思维级别被广泛接受和使用。这份认知技能列表，按照从简单到复杂的顺序排列。最简单的认知技能是对知识的回忆，最复杂的认知技能是对观点的价值做出判断。**如果我们没有将自己所学的知识拿出来实践，那么我们对知识的理解会一直停留在低等级的收获上，缺乏深度。**

在大脑的运行机制中，我们不经常使用的知识会被消磨和"压缩"，即使我们依然拥有推理和分析的能力，但是最基础的那部分却容易遗失，这样我们就无法更好地应用这些知识了。所以，我们也需要通过不断重复来实现记忆的巩固。

德国心理学家艾宾浩斯（Ebbinghaus）通过实验记录了人们记忆的相关规律。结果发现，我们的遗忘规律是先快后慢。这个开始急剧下降而后平缓的遗忘曲线代表了知识记忆遗忘的典型模式。

**及时巩固我们所学的知识，让其遗忘得慢一些。也只有知识记得住，才能够有后面对知识的其他方面的加工。**

比如，很多人可能会抱怨我们以前学计算机知识时，学了很多感觉没用的基础概念，但是如果想要进行知识的巩固，并在以后和其他知识进行关联，那么这种看似没用的知识的价值则会非常大。

## 2. 有效的学习方式

**对于巩固自己所学知识最有效的办法是为别人讲解。**

美国学者爱德格·戴尔（Edgar·Dale）提出了"学习金字塔"，这个理论将我们的记忆学习分为六个等级，效率从低到高分别是：听讲、阅读、视听、演示、讨论、实践、教授给他人。

最高级"教授给他人"的效率远高于"听讲"，最能够巩固我们对知识的记忆。并且在我们的教授过程中，我们会对知识有更多的语言和思维的加工，这样的过程会深化我们对知识的理解、应用和分析。

总之，如果我们想要让自己的学习更有效能，更有收获，我们需要将这些知识用起来。也只有用起来，我们才能够在知识的深度处理上有所进步，思辨能力也才会有所提升。

# 大脑的假设
## ——它可能是台高阶超级计算机

到目前为止,我们还没有对大脑的记忆机制完全了解,无法具体衡量和估算出大脑的信息储存量。但是,**凡是物理的,即使没有边界,也都是有限的。** 我们的大脑本身也是作为物质而存在的,那么它在容量上也很难是无穷的。

《科学美国人》里发表过一篇关于大脑容量的文章,估计大脑的容量是 2.5PB。这个数据看上去很大,实际上一点都不够用。

因为我们随便往一个地方那么瞥一眼,都是一张高清图,我们收到的数据都是以 GB 单位计量的。如果这样看,我们的大脑内存从理论上来说应该是不够用的。那么,人类的大脑为什么能够储存貌似会超过"内存"的信息呢?

### 信息的"压缩"

有一种解释是,大脑具有强大的信息压缩能力。我们能够记住每个人的脸,但是我们的大脑并没有储存每个人的脸,这实际上就是我们的大脑通过压缩,在大脑储存了一套通用的模版——两个眼睛,一个鼻子,一个嘴巴……

当我们遇到一个人的时候,我们再在这个模板上进行加工,进而实现识别和区分的功能。这个时候,我们就不用记住每个人的脸了,否则也太占"内存"

了。你也可以将这个过程形象地描述为"脑补"。

这就像我们的手机内存不够了，我们可以使用一些照片的压缩软件，将照片从高清压缩到标准一样，虽然图片模糊了一点，但总归还是能够无聊时翻看的。我们的大脑就能够腾出非常多的空间去存储更多的信息。这也可以解释，为什么我们会有错误回忆。

但是，就像被压缩的照片会模糊一些一样，我们获取的信息也被这样压缩后，当我们"翻看"回忆时，我们也无法很清晰地记起全部的信息。而这会导致我们记忆的部分丢失，甚至是错误回忆。因为我们的大脑将信息压缩并不总是压缩到恰好我们能够回忆起来的水平，它在一定程度上取决于我们对其重复的次数。

如果那些信息我们不经常使用，那么可能刚开始是1TB的信息，到最后可能只剩下了1KB。这也可以解释为什么一些记忆好像被遗忘了，但是却能够发生"闪回"。压缩得越厉害实际上越会增加这部分信息的提取难度，但是记忆并没有完全消失。

## 信息的"备份"

**抵抗这种大脑压缩的办法之一，是在它压缩的时候进行巩固。** 当我们回忆时，实际上就是对我们的信息进行再加工，在大脑还未完全将信息压缩到很少的时候，尽力脑补回来。这样就可以延迟大脑对其进行的信息压缩。

而当记忆信息结合到我们的情绪，或者我们回忆的次数足够多时，这些信息则会加强我们的突触连接，并且生成新的突触和适当相关的蛋白质。这就好比随机 RAM（读写内存器）转变到 ROM（只读内存器）一样，不再一关机就遗失。

这就像我们读一本小说，即使我们再认真地逐字逐句看完，当我们合上书籍时，我们对其中的绝大多数内容也都会忘记，而能够让我们记住的，基本上是重复出现几次或有很强的情感带入的片段。

当然，这个理论虽然能够解释我们记忆机制存在的很多问题，但它始终是一个假设，需等待后来人的证实。不过，我们还是可以利用这套理论的可取之处去指导我们的日常学习。

# 忘掉不开心
## ——遗忘是大脑的自清理过程

传统看法都认为遗忘是被动过程，不利于我们的学习和记忆。但越来越多的研究证明，遗忘并非被动的，遗忘对我们的大脑也有许多积极的作用。

那么，为什么会发生遗忘呢？

一个原因是因为，我们对记忆材料没有给予足够的注意，也就是编码不足。这就像我们经常阅读同一篇文章，但是当老师突然要求我们背诵全文时，我们还是很难完成任务。因为我们的加工程度不深，关于文章的很多细节没有进入长时记忆。所以当自己需要这方面的信息时，自然无法提取。

而通过不断强化，我们的长时记忆又为什么会遗忘呢？目前得到最多验证的学说是干涉理论——我们先前学到的知识会影响我们后来学习的知识，而我们后来学到的知识也会干扰我们前面所学的知识。干扰程度越大，遗忘的信息越多。

清华大学曾经在《细胞》（Cell）杂志上发表过一篇关于遗忘的生理研究文章。他们以果蝇作为实验对象，找到了调控果蝇信息遗忘的蛋白。他们通过遗传学手段控制这种蛋白的含量。

当消除果蝇体内的这种"遗忘蛋白"时，发现果蝇的遗忘速度变慢了。而慢慢增加其含量，果蝇的遗忘速度又增加了。

随后，他们再以此去证明干涉理论，发现当消除果蝇体内的"遗忘蛋白"时，果蝇在学习两个任务的记忆之间的影响明显下降。当不减少"遗忘蛋白"并且让果蝇学习另一种行为时，则发现这种"遗忘蛋白"的含量增加了。

这在很大程度上证明，遗忘并非生物体的被动行为。一些研究也认为，老年人之所以难以再学习新的知识，其中一个原因是他们的遗忘能力下降了。当学习新的事物时，生物通过控制这种蛋白的分泌，让自己适当地遗忘，这样有利于对新事物的学习。

**从生物学的角度看，遗忘可以减轻大脑的负担，降低脑细胞的消耗速度。** 我们的大脑细胞以每天 10 万个左右的速度凋亡，而如果我们不能忘记那些不开心的事情，我们脑细胞的死亡速度会增加几倍甚至几十倍，这就大大增加了大脑的负担。

而遗忘能够大大减少这样的消耗，让自己不那么痛苦。

**把信息中不重要的部分忘掉，可以让事物减少冗杂度，从而减轻记忆和认知负担，这就相当于清除手机缓存，删除不常用的文档，腾出更多空间。**

前苏联莫斯科大学有一位大学生，他在图书馆的石阶上走路时不小心摔了一跤，大脑受到撞击。从此，他的记忆好得不能再好，什么东西都过目不忘，像《真理报》这样的大报，从头版到第八版，只要他阅读后，每篇文章就都能倒背如流。

但是他经常感觉头痛得要炸开，因为记的东西太多了，大脑得不到休息。可见，缺乏遗忘能力会让我们的大脑承受更多的压力，让大脑受到更多的损害。

所以说，**遗忘是一种生物本能，让我们不至于被生活琐碎所淹没**。遗忘不仅能够减少大脑的损耗并减少我们的痛苦，它也能让我们学习更多的东西。

# 愉悦的情绪
## ——大脑效能的最佳学习状态

关于学习效能的影响因素还有很多，而其中最常见的主要有情绪和环境。

### 好心情好身体

有足够的研究证明，愉悦的心情对我们身心的积极意义。愉悦的心情不仅能够提高我们的免疫力，而且能够提高我们的记忆效率。

马里兰大学的迈克尔·米勒（Michael Miller）和他的同事做过一项研究，他们将参与者分为两组，一组观看喜剧型电影，另一组观看焦虑型电影。

他们发现，总体而言，看完焦虑型电影的参与者血液循环降低了约35%，而看完喜剧型电影的参与者血液循环增加了22%。而血液循环的快慢与大脑供氧和一些心血管疾病有关。

当血液循环较快时，我们不容易患上心血管疾病。而且也有利于维持血氧含量，保持大脑的清醒状态。后来的其他研究也发现，当我们心情愉悦时，我们的大脑会分泌一种叫作内啡肽的神经递质，它能够帮助我们减缓疼痛。

另外，心情愉悦时我们体内的免疫球蛋白A的含量也会增加，进而提升免疫力，保持身体和大脑的健康。

## 压力对大脑的影响

相反,如果我们长期处于很大的压力下,那么我们体内就会分泌压力的应激素皮质醇。皮质醇会帮助我们短期内释放大量的能量,去面对让我们感到不安的环境。

但是当皮质醇含量过多时,我们的肌肉、肾脏和脂肪都会被大大消耗,变得消瘦。而当肾脏被耗损时,我们身体的排毒功能也被削弱,这个时候也更容易得病。另外,当我们长期处于压力之中时,皮质醇也会引发身体的炎症反应,比如长青春痘,从而导致身体处于病态。

**当我们长期处于高压环境时,我们的大脑会发生明显的萎缩。**

美国道格拉斯医院研究中心的索尼亚·卢佩恩(Sonia Lu Peien)博士和他的同事们利用六年的时间测量了压力荷尔蒙含量对大脑的影响。

结果发现,那些体内压力荷尔蒙水平持续过高的人在记忆测试中成绩较差,而大脑中负责认知与记忆的海马状突起也会显著变小,这个时候我们会更难去记忆和学习。

慢性压力还会让我们大脑负责情绪的中枢杏仁体区域的神经细胞的联结变少,进而造成我们的情绪不稳定和心烦意乱。

最可怕的是,长期的高压力环境还会导致我们大脑的"自控中枢"前额皮质发生萎缩,这会导致我们在做一件事情时,很难控制自己的思绪,不让自己胡思乱想。

总之,当我们长期处于压力环境中时,我们的大脑会发生萎缩,身体会受到很大的耗损,严重时甚至会导致病变,而这些都不利于我们的学习和工作。所以,我们也要学会调节自己的情绪。

## 环境解压法

当然，当我们在工作和学习时，缓解压力的办法也有很多种，我们可以先从环境入手。

英格兰塞克斯大学曾经也做过一项研究。他们让一些有心理健康问题的志愿者分别在乡间绿丛林和室内购物中心散步30分钟。

结果发现，林中漫步者有71%的人感觉抑郁程度降低，更有90%的人认为感觉自信心增加。而在室内漫步者，他们当中只有22%的人感觉压力减少，50%的人认为压力增大，44%的人自信减少。

为什么会出现这种现象呢？这是因为，绿色和青色会吸收强光中对眼睛有害的紫外线，使紧张的眼睛适当缓和，也减少了对大脑视网膜和大脑皮层的刺激反应。

再到后来，人们发现，原来土壤会释放一种叫作一氧化二氮的气体。一氧化二氮这种气体又被称为"笑气"，因为人们吸入它时，他会与大脑发生反应，让我们产生愉悦感，令我们发笑。

一氧化二氮经常被外科手术用来麻醉和镇痛。很多人也有过这样的经历：当我们经过一片草地时，我们会不由自主地感觉到放松和产生愉悦感。

这就是因为，当我们经过一片草地时，我们会吸入一些一氧化二氮气体，进而感受到愉悦和轻松。如果想要放松自己的心情，可以尝试去草地上散散步。这样可以很快减少压力，让自己心情好一些。

另外，如果我们长期生活在一个较为狭小的空间，我们的思维也会受到一定的限制。美国明尼苏达大学心理学家通过数年的研究发现：天花板的高度会激活我们大脑中的某种概念。

当我们处于一个封闭的空间时，天花板的高度往往成为我们思维界限的延伸，如果天花板比较低，就会让我们的决策倾向于拘泥狭隘，而如果天花板足够高，那么我们的思维和灵感会更加活泛。

所以，如果想要让自己的思维充满更多的创意，想出更多解决问题的办法，可以尽量去比较空阔的地方。

抵抗大脑压缩的办法之一,是在它压缩的时候进行巩固。

# 第五章 扔掉低配

## ——高效学习的核心配置

学习对人的重要性就像吃饭一样,不可或缺。但是就像吃饭的时候,我们可能吃进去健康的食物和不健康的食物,或者不知道怎么吃某种食物一样,我们在学习过程中,也会遇到这样的问题——学什么和怎么学?接下来,我们就围绕这两个问题进行更深入的思考。

# 关联的知识
## ——灵感的来源、思维的提升

心理学家认为，记忆是对信息的编码、存储和提取。这其实与电脑保存信息的过程类似，我们先通过键盘和鼠标输入信息（编码），然后保存到硬盘（储存），当我们需要用的时候，我们再打开（提取）。只有这三个过程都顺利，我们才能够准确地描述一个事物。

如果有人问我们"澳大利亚的首都是哪一个城市"，而我们在之前没有听说过的话，这是因为对这部分记忆我们从来没有进行过编码。而如果我们听说过，但是已经毫无印象，这是因为我们没有将其储存。

如果我们听过而且能够回忆起这个城市的相关信息，但是无法念出来，那就是信息提取失败了。其中任何一个环节缺失，我们都无法回答别人的问题。

为什么有些信息我们可以轻而易举地回忆起来，而有些信息则很难回忆起来呢？层级加工理论认为，对信息的加工水平决定了回忆的效果。

最初的加工水平越高，记忆的效果越好。当注意力分散时，我们的信息加工水平是相对低等的加工，信息也就很难进入我们的记忆。同时，记忆内容越与众不同，之后也越容易记起来。

我们可以根据这个理论进行学习策略的改进。通过增加我们所学知识的联系节点来实现信息和知识的深度加工。我们将某一个知识与其他知识进行关联，实际上是在增加这个知识的提取线索。**当知识的提取线索越多时，我们对知识进行运用时就越简便。**

我有个朋友，他有一次跟别人打辩论赛的时候，觉得对方所说的漏洞非常明显，但是无论如何都想不起来如何辩驳他。但是比赛结束后，离场走着走着，他突然就想起了可以如何反驳他，但是这个时候为时已晚。

这是因为，我们的一些记忆会结合我们的场景而产生，我们可能在一个场景下能够记忆起来，但是换一个场景，提取相同的知识的难度就增加了。这就好像一个英语单词在一个句子中我们能够记起它的大意，而把它单独呈现给我们，我们识别起来就会感到有点困难。

但是，如果我们在不同的场景下学习这些知识，那么就可以避免这些知识只能在特定的场景下记起来。因为当它提起的线索增加时，在我们大脑中留下的痕迹也更为持久。

我们常常提及的关联学习法，背后的心理学理论正是层级加工理论。我们通过对知识和事物进行比较，区分它们的不同，同时也关联它们的相似点。

而记忆的一种重要方式就是在经验的基础上建立联系。关联记忆法也符合我们的记忆规律。当一个知识在我们的思维中比较得越宽泛，关联的事物越多时，知识的记忆也就愈牢固。

儿童时期，我们在学习命名时，本质上也是在进行关联学习。当孩子长到10个月大时，他们会意识到每样东西都有一个名称。后期通过将视觉上看到的与语言中学到的相结合，从而为每一个事物命名。

美国的教育学家曾经对学龄儿童进行过统计，发现那些能够知道一个单词有多重意义的孩子，他们的理解能力更强。这也就是说，对一个词汇进行多重关联，可以让学到的知识更加巩固。

信息学家乔治·米勒（George A. Miller）在他的论文《神奇的数字 $7±2$：我们信息加工能力的局限》中提出，在记忆编码过程中，最简单的方式就是将输入的信息分类，然后加以命名，最后储存的信息是这个命名而非输入的信息。

并且，论文中也提到，大脑的短期记忆无法一次性容纳 7 个以上的记忆项目。有的人可能一次性能够记住 9 个，有的人则只能记住 5 个。而大脑比较容易记住的项目是 3 个，当然最容易记住的是一个项目。

虽然一些研究开始对其进行质疑，但是这个假设在解释一些现象时有一定的合理性。当大脑需要处理多个记忆项目时，就会开始将其归类到不同的逻辑范畴中，以便于记忆。

举个例子，你妈妈对你说："你去超市买点东西吧，要买土豆、橘子、葡萄、酸奶、牛奶、鸡蛋、胡萝卜、咸鸭蛋、苹果。"

但是这么多个项目，当你走到超市的时候，你可能就已经忘了很多了。这个时候为了记得更为牢固，你可以将这些信息通过性质的区分进行同类项合并。

蔬菜：土豆、胡萝卜。

水果：橘子、苹果、葡萄。

蛋奶制品：咸鸭蛋、鸡蛋、酸奶、牛奶。

将十多个项目划分为三个大项，可以让自己思维的抽象程度提高，产生塔式的链接，从而更容易记住。这就像图书馆里的图书索引，我们可以根据我们需要的知识的特点，找到我们需要的书籍。

所以，我们就不用记住全部的 10 个概念，而只要记住他们分别属于三个组，这样就达到了认知资源节约的目的。

# 高效巩固
## ——集中学习 VS 发散学习

根据学习时间分配的不同可以划分为两种学习方法。一种是集中学习，指在较长的时间里不间断地反复学习；另一种则是分散学习，指学习时间间隔的学习。

我们经常说的考前突击，就属于集中学习。我们虽然能够在短期内获得足够的信息去面对考试，但是这很难让我们学到真正的知识，大多数知识也会在考试后很短的一段时间内忘光。

但是，集中学习法也有非常强大的优势。尤其是对那些学习能力强的人来说，运用集中学习法，他们能够在短期内学会一门技能的基础知识。

而如果我们想要运用集中学习法，则要注意相似知识重复的频率和次数，并尽可能将相似的知识分开学习。这样就不会触发心理的超限作用，也就是对所学知识感到更多的疲劳和厌倦。

过度学习理论认为，人们对所学习、记忆的内容达到了初步掌握的程度后，如果再用原来所花时间的一半去巩固强化，则会使记忆得到强化。

在合理限度内，我们可以通过集中学习巩固自己的知识，这非常有利于我们知识的掌握。但是，如果超过了一个限度，自己会感到疲倦和厌烦，学习的效率也会递减。这个时候就算增加了学习时间也可能很难学到有用的知识。

当我们希望从知识当中获得灵感和发现时，集中学习的优势明显优于分散学习。因为集中学习能够在短期内接触到大量的信息，这增加了信息之间联通的可能性。而发散学习因为更加零散，且信息较少，所以能够实现的联结也较少。

面对熟悉的知识和想要获得灵感时，集中学习会更适合我们。但是如果想要真正学习新知识并巩固知识，分散学习的优势大于集中学习。有足够的研究证明，无论是学习运动技能还是学术知识，分散学习的效果都更好一些。

美国心理学家罗勒在2006年做过一个关于分散学习和集中学习的实验。他与他的同事，让116名大学生参与了这次实验。大学生被要求学习后解10道数学题，一组学生集中学习10天，另一组学生分两次（间隔一周）学习，每次5天。

学习结束后的一周，他们进行测试，结果发现，集中学习的学生掌握的情况（75%）略高于分散学习（70%）。但是学习结束后四周，他们对学生的掌握情况再次进行测试，结果发现，分散学习的学生成绩（64%）远高于集中学习的学生（32%）。

而在另一个现场实验中，他们将邮局里的职员分为四组，分别采用四种学习模式。

第一种：每天训练一次，每次一小时；
第二种：每天训练一次，每次两小时；
第三种：每天训练两次，每次一小时；
第四种：每天训练两次，每次两小时。

实验结果表明：每天训练的时间越短，达到相同学习效果的时间也越短。

达到每分钟打字 75 个的水平，第一种学习者花了 45 学时，而第四种学习者则花了 70 个学时。

这都证明了分散学习对一项技能掌握的重要性。所以，当我们在阅读一本书时，一次性读完就扔到一边，我们可能过不了几天就会忘记，但是如果我们将其进行分散阅读，那么我们对书中的知识的理解可以更深透一些。

这两种方式都有其合理的地方，我们可以根据我们的需求，采取不同的学习策略。但是，想要真正掌握新的知识，重复是必不可少的。而我们如果能控制好重复的频率和次数，则能有效提高我们的学习效率。

# 疲惫的身心
## ——大脑学习的低效率状态

我相信没有人会否认锻炼与睡眠对我们大脑的积极作用。

那么，它们都是通过哪些途径影响我们的呢？

加州大学伯克利分校的心理学教授马修·沃克尔（Matthew Walker）在2005年时发表的一项研究指出，睡眠不足会剥夺学生获取新知识的能力。

他们让28名参与者参与了本实验，要求他们记忆一组图片，这些图片包含人物、事件、地点等信息。其中一半的参与者在实验前一晚保证正常睡眠，而另一半则通宵保持清醒状态。经过两天正常睡眠的调整之后，然后再对他们进行图片的记忆测试。

他们发现，之前被剥夺过睡眠的学生比保证正常睡眠的学生平均少认了19%的图片。

正如跑步后身体需要休息才能恢复体力一样，我们的大脑在快速运转之后也需要得到相应的休息才能继续高效运转。美国《科学》杂志在2013年刊登过一篇文章，证明睡眠可以清楚脑内代谢废物。

当我们处于睡眠状态时，我们小脑的网状结构会发生变化，方便脑脊液与我们的体液进行交换，带走大脑中的一些代谢废物，其中就包括会引发"老年痴呆"的 β-淀粉样蛋白。

而当我们睡眠不足时，我们的免疫能力会受到损耗，我们也更容易患上心血管疾病和肥胖症。

当我们长期缺少睡眠时，我们大脑的细节加工能力也会受到干扰，我们更容易对别人的行为产生误解。所以，一些长期熬夜的学生和职场人士对环境会更加敏感，甚至觉得周围环境充满恶意，因为他们在对他人行为的理解上，在细节上存在一定的扭曲。

诸此种种，睡眠不足会让我们的学习能力和工作效率严重下降。睡眠如此重要，那么，我们该如何提高我们的睡眠质量和适当延长我们的睡眠时间呢？

美国BBC曾根据大量的心理和生理研究，拍摄了如何才能更好睡眠的视频《睡眠十律》。其中讲了十多种能够帮助我们更好睡眠的办法。大家感兴趣的话可以自行搜索观看，这里也罗列了一些我个人觉得较为实用和简便的办法。

> 体温降低有利于产生睡意：睡前洗个热水澡。
> 光线抑制褪黑素（睡眠因子）：尽量降低睡眠环境亮度。
> 咖啡、茶、酒不宜睡前饮用。
> 睡眠生物钟培养：保持固定的睡眠习惯和起床习惯。
> 睡觉打鼾需要及时了解原因，必要时就医。

希望，大家能够睡个好觉。

## 浮躁的解除
——如何更好地利用网络提升自己

社会学家认为，**人类社会的进步一直都是在做自己身体的延伸。**利用棍棒延伸了自己的手，利用汽车延伸了自己的脚，利用望远镜延伸了自己的眼睛，利用电话延伸了自己的嘴巴。

而互联网的使用，本质上是在对我们的思维进行延伸。利用互联网进行思维的提升也会是未来的趋势。

但是目前，通过在网上学习知识也存在非常多的问题。相对来说，它并没有传统的阅读和学习方式那么有效率，但是这就像汽车刚被发明时跑不过传统的马车一样，最终，马车还是会被汽车远远超过。

所以，我们也需要慢慢习惯新的事物，这样才不至于被社会淘汰。那么，目前利用互联网进行个人提升存在哪些问题呢？

目前，在线上学习存在的最大问题是我们个人的"虚假学习感"——跟我们复习期末考试一样：看过就忘，不忘也不会用，会用也用错地方。

当我们面对铺天盖地的信息时，这些信息会极大地占用我们的注意力广度，我们很难集中在一小部分信息里面，而这样我们就无法保证思维的深度。即使我们所阅读的知识拥有一定的深度，但是由于我们无法集中注意力去理解，所以我们能够明白的其实也非常少。

我们可能在刷朋友圈时,这一秒还在看关于康德道德观的"深度好文",但是为了尽快刷完不被老板捉到扣工资,然后就点击了退出,看下一条信息,自己并没有进行深度的思考,只是大致地扫了几眼。

我也看过一些问答平台,甚至没有分开那些极短的段子、点评类的回答,以及长文回答,这样的情况对大众的弊端非常大,群体的耐心会被慢慢消磨。

信息专家约翰·奈斯伯特(John Naisbett)曾说:"**我们简直要在信息的海洋中淹死,但终因缺乏知识而饿死。**"互联网时代,信息和知识都在不断增加。但是信息的增加速度却远超知识。这就造成了另外两个问题。

一方面,我们从信息中筛选知识的成本越来越高,我们想要学系统知识的难度增大。另一方面,媒体为了方便我们理解,减少消化时间,将内容尽可能进行了简化,只提供精华,而这就无法培养起我们对知识的深度思考能力。

所以,**如果没有正确的方式,长期通过线上学习知识,会难以形成一个较为完整的知识体系,也可能会削弱一个人深度加工知识的能力。**

不过,即使线上学习相对目前的传统学习方式存在诸多不足,只要技术发展起来了,传统的学习方式也会慢慢被更广泛地取代。那么,我们该如何更好地适应线上学习呢?

其实,无论是何种形式的学习,做笔记都是非常好的方式。我个人就有多达 30 本的笔记。即使是在网上看到一些文章,我也会把其中比较有收获的知识记下来。久而久之,我的知识广度和深度都会多一些。

在尼尔·布朗(M. Neil Browne)和斯图尔特(Stuart M. Keeley)的著作《走出思维的误区》中,它将我们对知识的涉猎过程称为"**海绵式学习**"。这种学习方式能够很好地积累我们的知识广度，但是我们却无法对其进行有效的利用。

而我们做笔记的过程实际上则是**"淘金式学习"**。我们必须学会筛选哪些知识值得记，哪些不值得记。在这个过程中，我们对知识的加工深度更深，条理性更好，且能慢慢培养起自己的辩证思维能力。

另外，从心理层面上，做笔记还能带动更强的注意力。我们做笔记时需要对知识进行再次加工和理解，这也就保证了知识的记忆效果更好，不容易遗忘。

**经常做笔记能够大大减少线上学习带来的"虚假学习感"问题，不至于使知识看过就忘，没忘的也不会用。**

# 构建知识体系
## ——大脑认知资源的节能模式

社会学家马敏在其著作《政治象征》中认为，在以往知识较为贫瘠的过去，一些政治精英通过垄断对"自由"等词语的解释权来达到对群众的煽动。

换句话说，如果**我们缺乏对知识足够的理解，那么我们很容易受到外界的影响，觉得这个有道理，那个也没错**。

而当下也存在非常多这样的情况，一些媒体和公众号，利用那些不可以量化的指标，告诉大家什么是对的什么是错的。如果缺乏足够的知识水平，有的时候确实挺容易被忽悠的。

那么，怎样才能够减少这种情况的发生呢？那就是构建完善的知识体系。完善的知识体系不仅能够强化自己的思辨能力，也能够加强自己对事物的分析能力。

知识体系之所以能够称之为体系，是因为它拥有体系的属性。而结构决定性质，性质决定功能。我们想要建立一个完善的知识体系，就要从体系的共性和知识的个性去分析。

体系的定义是这样的：泛指一定范围内或同类的事物按照一定的秩序和内部联系组合而成的整体，是不同系统组成的系统。那么，根据体系的定义，我们能够得到哪些性质呢？

### 1. 多元性

体系的"系"的第一层意思是系列，意味着体系的形成是非单元的，必须有多种元素组成。正所谓："**单调不成乐，单色不成画，单人不成群。**"也就是说，单一的知识不算体系，从这点出发可以知道，我们想要构建体系的前提是拥有足够的元素，也就是我们常说的元认知——对事物认知的认知。如果想要构建一个体系，那么就需要我们吸取足够的元认知。

就拿我本人来说，我的很多知识都是小时候从《十万个为什么》和《蓝猫淘气三千问》里学来的。在当时那个年龄，这些读物也算是通识教育读物了，至今我个人也觉得深受裨益，因为在小时候学到的知识对世界观的构建更为基础，影响更大。

另一方面，体系的基础是系统，系统的基础是元素。也就是说，我们需要增加的元素需要有多元的特点，而不是只是某个角度的重复。我们学过生态学也知道：增加物种多样性可以增加生态系统的稳定性，而知识系统稳定的第一步，就是需要吸收足够多的差异性元素。

### 2. 相关性

体系的"系"的另一层意思是捆绑、关联。不发生关联的组块我们称之为非系统，只有发生关联才能够成为体系。一栋砖瓦房是一个体系，把它拆成砖瓦后它就不再是体系。知识也需要这样的机制来实现体系的构建。

而体系的关联方式有很多种，链式，塔式，环式，树状式，网状式。其中最为稳定的形式是树状式和网状式。前者能够增加知识的层级结构，实现分类和规律化，后者则能够通过交互关联实现稳定。

所以，我们在学习的过程中，**要尽可能将知识梳理成思维导图（树状）的形式，并且通过举一反三（网状）的形式巩固。**这样体系的构建也可以更加省力。

### 3.统一性

体系的"体"强调的是整体和协调。知识体系构建到最后是价值观的形成，再然后会是能力的反映。当我们的知识体系形成统一的整体时，则意味着我们将知识合多为一。这里的"一"属于从属的高级，决定着其他知识的构建。

体系必定以整体存在，整体的运行、延伸，产生关联。但是任何过程都有其主导因素，就像哲学思想里面的矛盾分为主要矛盾和次要矛盾一样，知识体系的构建也有主导因素的构建和次要因素的构建。

我们所能接受到的信息会因为这个主导因素而有所塑造。而这个主要因素就是我们学习知识的目的性——猎人进山看到的是猎物，药农进山看到的是药材。所以，当自己在构建知识体系时，明确这样的目的，可以减少不必要的枝节。

### 4.非线性

萧伯纳曾经说过："我有一个苹果，你有一个苹果，我们交换后还是只有一个苹果。你有一种思想，我有一种思想，交换过后我们都有两种思想。"知识的提升并不是单纯的加和，体系的构建也不是1+1=2，就像我们小时候咿呀学语，通过不断尝试，突然学会了说话。

知识体系的构建也有这样的规律，它会在我们的量变积累到一定程度后产生突变，进而自发形成完善的体系。念念不忘，必有回响。**当自己的知识输入量和状态量基数大到一定程度时，体系甚至可以自发形成，产生输出量。**

很多人都希望自己能够获得独立思考能力，向别人学习一些技巧可能会有效,但是如果没有足够多的知识基础,这样的逻辑思维能力很容易变得空洞,就像一幅没有内容的框架,和没有实质的空心球一样。

### 5. 秩序性

任何系统都有他们的内部运转规律,知识体系也不例外。体系的紊乱除了突变因素,更多的是因为秩序被打破。我们构建知识体系之前需要有明确的、高效的秩序,以支撑体系的有序运行。

那么,怎样构建这样的秩序呢?其中的关键在于,懂得如何筛选知识,避免低级知识的吸收,减少无用信息带来的紊乱,否则就会像电脑碎片文件多了会卡一样,大脑中的碎片信息多了也会变迟钝。

**知识的有效性取决于它能带给我们多少确定性,让我们对事物有更多的了解**。舆论八卦,低俗网络小说,实际上并没有带来多少确定性的信息,即偏向于无用信息。避免无效信息是构建有效秩序的最基本要求。

当知识的提取线索越多时，
我们对知识进行运用时就越简便。

第二部分

## 反本能之群体接触
——让自己成为高情商的人

"情商之父"丹尼尔·戈尔曼将情商划分为以下五个维度：

（1）认识自身情绪的能力

（2）妥善管理情绪的能力

（3）自我激励的能力

（4）认识他人情绪的能力

（5）管理人际关系的能力

懂得与人交往是高情商的表现之一，他们也更容易适应这个社会。一个高情商的人，往往能够很好地认识到别人的情绪和需求，并且对其保持尊重。在接触中，他们会顾及别人的情绪和需求，并且尽可能去满足。

人是具有高度社会性的动物，社交是我们生活中必不可少的一部分。通过分享信息，跟他人讨论有趣的话题，我们也能够获得更多的乐趣。在相互的自我暴露中，彼此之间的了解也越来越深，两个人的关系变得更密切。

能够与他人建立亲密关系也能让我们的生活更有趣。

当然，我们的社交过程并不总是一帆风顺的，我们也会经常遇到另一种情况——观点不合、相互误解。这个时候，如果分歧较大而且双方在表述过程中语气上让对方误解，那么就会产生矛盾和争执。

当我们面对的是一个"自我中心主义者"时，我们可能会很无奈，因为他们无法站在别人的立场考虑问题。即使自己试图去解释、去沟通，对方也依然我行我素。

尤其是在网络环境中，当我们在一些平台表达我们的观点，而有人误解我们的意思对我们口诛笔伐时，面对这样头疼的问题，我们该怎么办比较好呢？

另外，我们也可能因为与他人的争论和误会而非常苦恼，沉浸在负面情绪中不能自拔。自己脑海里不断回忆着争论的画面，感到非常委屈或者后悔。即使这些回忆无济于事，我们还是控制不住自己的思想，进而陷入恶性循环，越回忆负面情绪越多。

还有，我们的很多工作也需要与他人协力。如果我们无法处理好我们身边的人际关系，无法得到更多的社会支持，那么我们可能会淹没在琐事之中，很难完成自己的任务。

每个人都希望被别人理解，但是不一定能实现，有时甚至被误解。那么，为什么别人会不理解我们在说什么？怎样做才能让别人理解我们？我们又该如何才能与别人更好地相处？接下来，让我们就此一起进行讨论吧。

# 第一章 不如愿的接触
## ——社交过程中的盲区

有个大学生曾经跟我反映，她在宿舍非常尊重别人的利益，不去影响别人，但是别人却总不能跟她一样相互尊重彼此。也有人问我，自己一直安安分分地做一个普通人，为什么无缘无故被别人针对？那么，都有哪些原因造成了以上的现象呢？

# "听我的！"
## ——控制欲是人际关系的杀手

我们知道，在动物的世界里，很多动物都会通过留下排泄物或者气味，告诉其他同类这是自己的地盘。如果别人进入到这个区域，会遭到"地主"的攻击。实际上，这就是一种对环境的控制需求，让别人不敢随意进入，进而获得安全感。

作为进化的遗留，人类也有这种需求，尤其是男性，会尽可能对自己身边的事物保持控制，从而获得安全感。虽然留下体味的原始方式已经被淘汰，但是人们的控制欲却并没有消减。

心理学家德西（Deci）和瑞安（Ryan）的研究证明，**促进个人控制系统可以真正地增加个体的健康和幸福**。而另一位心理学家陆贝克（Rubaek）和他的同事通过对囚犯的观察发现，那些对环境有一定控制权的囚犯——可以是一把椅子、自己开关电灯等，都会有较少的压力体验，较少出现健康问题，并且会有更少的故意破坏行为。

心理学家提莫（C. Timko）和莫欧斯（Moos）则通过对家庭和谐状况的研究发现，和我们一起住的人，如果可以自己决定早餐吃什么，晚睡还是早起，他们可能活得更久和更快乐。

很多研究都证明了控制感的重要性和积极意义。一旦失去了这种对环境的控制感，动物的警觉就会被唤醒，处于备战状态。人类也是如此。

如果环境没办法给我们控制感，那么我们也会感觉到不安和警觉，更敏感更易激动。所以，当别人不能满足我们时，我们就会感觉到控制感的丧失，进而被唤醒"战斗"的应激状态。

每个人都有对环境和他人的控制需求，虽然程度不一样。尤其是恋爱中的双方，一些人会产生对对方很强的占有欲，甚至希望对方能够减少与其他异性的接触。

而在家庭中控制感的表现，则往往是父母希望子女能够朝自己所希望的方向去生活和发展。而这会让孩子丧失对环境的控制感，进而触发排斥。但是这也进一步让父母的控制感降低，引起进一步的管控，进而形成一个死循环。

一些人对环境的控制需求较少考虑别人对环境的控制需求，这就很容易侵犯到他人的空间，进而造成双方的矛盾。

比如，在宿舍里，有人将视频的声音开得很大，不考虑别人的感受。当我们向对方说："你的视频开的声音有点大，可以关小声些吗？"一些控制感很强的人反而会觉得你侵犯了他的领域，不仅不会按你要求的去做，反而会去挑衅你。

因为，宿舍的空间远小于我们对环境心理安全距离的需要，但是我们却不得不与他人共享这样狭小的空间，于是每个人对环境的控制需求都很难得到满足。如果彼此无法有足够的安全感，越小的空间越容易产生矛盾。

在这种情况下，我们可以用后面提到的"自我实现预言"的方式去提建议，对方也许就不会有那么强的反应了。反过来，如果我们对环境的控制感比别人高，我们就需要不断地提醒自己，这其实是进化的遗留问题，并不是对方有意"侵略"。

## "我就知道！"
——吵架时为什么总想否定对方的一切

我偶尔听到我朋友和他女朋友吵架，有的时候他不得不跟我留在公司加班，不能赴约，他女朋友开口就说："你一点都不爱我。"我哭笑不得，只能跟他说你有事就先去吧，这边我自己可以搞定。

其实，我们生活中很多人争吵时，都会出现这种情况——绝对化。因为当前的事情，而延伸到全部否定。而这其实就是心理学上的"验证性偏差"——**当我们在主观上支持某种观点时，我们往往倾向于寻找那些能够支持我们这个观点的信息，而忽略那些能够推翻我们观点的信息。**

比如，很多炒股的人在炒股时，当市场上形成一种"股市将持续上涨"的信念时，投资者往往对有利的信息或证据特别敏感或容易接受，而对不利的信息或证据视而不见，从而继续买进并进一步推高股市。相反，当市场形成下跌恐慌时，人们就只能看到不利于市场的信息了，从而进一步推动股市下跌。

社会心理学家艾伯特·哈斯托夫（Albert Hastorf）和哈德利·坎特里尔（Hadley Cantril）做过一个实验。

1951年美国大学生足球赛，达特茅斯印第安人队对阵普林斯顿老虎队。这是一场非常粗暴的比赛。在整场比赛中，普林斯顿一个队员的鼻子断了，达特茅斯队一个队员的腿断了。然而，两所大学的报纸对这场比赛的评述截然不同，都认为是对方球员的犯规次数更多，更没有道德。

出于好奇，艾伯特·哈斯托夫和哈德利·坎特里尔从两个学校随机抽取了一些学生，组成两组被试者。然后，安排被试者在同一个房间观看那场比赛的录像，然后再用相同的评价系统来评价两支球队的犯规情况。

比如，当被问到是不是达特茅斯队的队员抢先动粗时，36%的达特茅斯大学的学生选择"是"，而86%的普林斯顿大学的学生选择"是"；同样，只有8%的达特茅斯大学的学生认为自己的球队没有必要动粗，而35%的普林斯顿大学的学生认为达特茅斯队的队员完全没有必要动粗。

也就是说，即使我们看到的东西是一样的，我们仍然会因为立场和态度倾向的不同，而选择相信我们想要相信的。一旦需要做出选择的时候，我们也会相信自己所得到的依据。

而且，也有一些研究发现，越是聪明的人越容易产生这种偏见。他们对自己的判断更为自信，因为他们更能够从无关联的信息中找到"可能的联系"。

我们在判断事物时，会有很多主观感情的投入。尤其是在我们社交活动中，如果我们觉得某个人不喜欢我们，那么我们就会自发地去寻找他不喜欢我们的证据，而忽视他的其他行为，这就造成了无端的厌恶。

而人的情绪感知非常敏感，当对方感知到你对他的不信任时，也会反馈以厌恶，进而让你觉得自己的直觉是对的。

这也表现了沟通的重要性。如果我们能够及时沟通，其实很多时候我们会发现，自己所担心的事情是多余的。有些夫妻甚至会用各种方式去"考验"自己的另一半是否忠诚，而这实际上也会因为我们的主观不信任而产生我们"想要的答案"。

另一方面，则是在争执过程中，我们经常会情绪化，进入验证对方各种不好的信息搜索，以证明对方的各种不对，即使是与此事无关的陈年旧事，我们也不会放过。

所以，我们经常会听到那些绝对化的词语——"你总是……""你从来……"，而这种描述则会引发对方为了维护形象的激烈反驳，进而造成争执的升级。

因此，在争执过程中，我们需要意识到自己的这种特点，争吵时尽量不用绝对化词语去描述对方的行为，不能因为当前的一件事而进行全盘否定。

# 让人"变笨"的爱
## ——为什么有人看不见恋人的缺点

人类学家海伦·费舍尔（Helen Fisher）教授调查了全球近 150 个不同文化背景地区的数据，发现在不同文化背景下热恋在心理和生理方面有惊人的相似：强烈眩晕的兴奋感、食欲降低，对爱人的判断扭曲（放大爱人的优点，缩小缺点），对客观世界的知觉也发生扭曲。

我们常常戏谑一些处于热恋中的人智商为 0，那么，热恋到底会不会让我们的智商降低呢？答案是肯定的。

日本科学家川道博明（Hiroaki Kawamichi）与他的同事对处于热恋早期的人进行脑部成像的观察，发现他们大脑中参与"奖赏机制"的灰质减少了，这就降低了人们对奖赏的敏感性。

而大脑灰质不仅与我们的"大脑奖赏机制"有关，部分灰质与我们的注意力和记忆也有关，和我们的情绪也有关。

也就是说，当大脑灰质减少时，一定程度上，我们会变笨，也会变得更为焦躁不安一些。我们处于热恋时，我们的情绪更为不稳定，开心的事会让我们更开心，伤心的事会让我们更伤心。

除此之外，海伦·费舍尔也曾对处于热恋初期的人进行脑部扫描，发现处于热恋中的人的多巴胺奖励回路中的尾状核部分的血流增多。

尾状核是我们行为动力的源泉，它能引导我们接近目标，驱使我们追求奖励。而分泌更多的多巴胺，可以保证这一过程的愉悦感，强化我们的行为。也就是说，我们会很开心地不断重复这一行为。

虽然恋爱的感觉很美好，但是它也让我们变得不客观。我们可能看不见对方的不足，认为对方很完美。

当我们处于热恋中时，我们大脑的判断中心前额皮质和影响社交认知的颞极与颞顶叶交界处会发生钝化，进而造成我们对爱人的知觉发生扭曲。恋爱中的男女右眼窝前额皮层会暂时关闭，这使得他们对对方不再持怀疑或批评态度。

但是，**仅凭多巴胺刺激的热恋是很难长久的**。一旦热恋过去，大脑的愉悦因子多巴胺消退后，大脑的灰质也可逆性地增长回来，我们也就会看到对方的各种缺点。

很多人过了热恋期就开始感受到对方的各种不足，就是因为大脑开始"清醒"了。所以，许多社会心理学家也不支持闪婚，因为想要拥有幸福稳定的婚姻，双方就必须要等足够长的时间。

当我们想要确定一段感情关系时，我们也需要不断对自己提问：对方的小鸟依人是否会过于黏人，长此以往我是否能够接受；或者，对方的刚毅是否存在过多的武断和大男子主义。

我们不能因为对方给我们很多愉悦感受而忽视对方性格的长久影响。而也只有在一开始考虑全面，这样的感情也才会更加长久。

# 第二章 良性循环
## ——如何建立有效的社交关系

美国进化学家迈克尔·吉瑟林（Michael Ghiselin）说：身边的人比我们优秀的话，会让我们变得更美好；如果他们不健康或者无知，则他们更容易对我们造成伤害。那么，我们该如何与更优秀的人交往呢？

## 熟悉即安全
—— 为什么你需要跟别人混个脸熟

格雷戈里·伯恩斯（Gregory Berns）在其著作《艾客》中写道，对于大多数人来说，接受新事物是一件很困难的事，因为新事物总是很容易触发我们的恐惧情绪。大多数人不喜欢恐惧的感觉，因为恐惧让我们口干舌燥，焦躁不安，有时还会语无伦次。

而恐惧产生的一个很重要的原因是不熟悉。

2005年，加利福尼亚理工大学的研究人员就对人们处于不确定环境中的大脑变化，通过脑成像实验做过记录。他们发现，当我们处于不确定环境中时，我们大脑中的杏仁体和眼窝前额皮质两个区域会变得异常活跃。

也就是说，当我们处于陌生环境中时，我们的大脑实际上被唤醒了两个状态——我们在害怕（杏仁体），但是我们也在控制自己，让自己冷静（眼窝前额皮质）。

当杏仁体被激活时，我们身体里也会释放大量的皮质醇，并且激活交感神经系统，进而让我们处于警备应激状态，这会让我们的心率变异型增加，也会消耗我们大量的能量，让我们感到不舒服。所以一些人在面对不熟悉的人时，会脸红，心跳加速。

而如果想要让别人对我们产生信任，愿意与我们交往，我们就需要建立足够的熟悉感。心理学家曾经做过一个实验，他们先通过测试区分出害羞指数较高的小学生，让他们观察不同的脸，研究者用脑电图扫描的方式观察并记录小学生的大脑活动。

当孩子面对陌生和难以识别的脸时，他们发现在那些害羞指数较高的孩子的大脑中，掌管社交的皮层活动能力较弱，而负责焦虑及警惕情绪的小脑中的类扁桃体部分则显得非常活跃。

同样，如果我们想要让别人更愿意与我们接触，我们就要消除对方这种在进化中的遗留。那么，我们可以通过哪些方式实现呢？

比较简单的办法可以是：经常出现在对方面前。经常出现在对方面前就可以引发对方对我们的一些好感。这在心理学上称之为"**纯粹接触效应**"——仅仅因为某一个刺激在我们面前呈现的次数足够多，让我们对该刺激越来越喜欢。

心理学家赛安斯对此做过一个实验。实验内容是借着让受试者多看几次对方脸部的照片，调查一般人究竟会产生何种程度的好感。

实验人员准备了12张不同的大学毕业生大头照，然后随便抽出其中的几个照片，让学生们看这些照片。为了避免刻意化的干扰，开始实验时，研究人员对这些学生说明："这是一个关于视觉记忆的实验，目的是为了测定你们所看的大头照，能够记忆到何种程度。"

而实验的真正目的，则在于了解观看大头照的次数与好感度的关系。观看各个大头照的次数为0次、1次、2次、5次、10次、25次等6个条件，按条件各观看两张大头照。随机抽样，总计86次。

实验结果表明，接触次数与好感度的关系成正比。当学生被提问，这些照片最喜欢哪一张时，大多数被试者都选择了出现在他们面前次数最多的一张。

也就是说，当观看大头照的次数增加时，不管照片的内容如何，好感度都会明显增加。这在很大程度上证明了"纯粹接触效应"。

我们可能有过这样的体验，当我们在拍照的时候，总觉得不是那么好看，但是问及朋友时，他们觉得挺好的。为什么会出现这样的现象呢？其中一个原因也是"纯粹接触效应"。

我们习惯看到的自己是镜子中的自己，我们通常看到的自己是镜子中的自己。而当我们拍照的时候，我们看到的是左右没有调换的自己。这个时候，我们看自己的照片，就会感觉有点不一样，而我们的朋友因为接触到的我们是左右脸没有调换的我们所以觉得挺好的。

康奈尔大学的卡丁教授（James Cutting）也做了另一个关于纯粹接触的实验，来证明一些著名艺术品之所以出名，其中可能的一个原因是它们的曝光次数较多。

在讲课过程中，他不断给本科生看印象派的作品，每次两秒钟。其中有些画是经典之作，有些则鲜为人知，但档次不亚于经典之作。卡丁教授将后者在学生面前展示四倍于前者。结果发现，这些学生更喜欢后者。

一些明星也非常追求上镜率，大家看的次数多了就会觉得这些明星也挺好看的，而这背后也有"纯粹接触效应"的原理。

**现在，你知道跟别人混个脸熟有多重要了吧？**

## 自我表露
——信任的建立在于相互了解

在生活中，我们对一些人能够有说不完的话题，但是对另一些人我们可能就无言以对了。尤其是面对陌生人时，我们总是不知道说些什么好。

这是因为我们与他人的信任关系需要建立在相互了解之上。在一开始，我们与他们没有足够的了解，我们还没有建立起对其足够的信任，所以我们就会显得拘谨一些。而如果想要拉近与他人的亲密关系，我们可以适当地表露一些自己的隐私。

心理学家奥尔特曼对此提出了人际交往中的"自我表露"的社会渗透理论。他的研究告诉我们，人际关系的建立都是从低水平的自我表露和低水平的信任开始的。

**当一个人开始自我表露时，便是信任关系建立的开始；而对方以同样的自我表露水平做出反馈，也是一种表示对方接受信任的标志。**

这种自我表露的互惠性交换，一般会实现对等的沟通。于是，人际间的亲密关系就逐步形成。并且随着双方沟通话题的由浅入深，我们与他人的关系也开始变得亲密。

举个例子，当我们面对一个陌生人时，想跟对方交朋友。我们对其说"你好",那么,对方对我们的回复也只能是礼貌性的"你好"。而如果你添加多一些信息,说"你好,我叫XXX,今天有空过来……",那么对方也会基于你的表露,对你表达更多的信息。

而当你们之间表露的信息足够多时,你们的信任关系也会建立起来,你们也就更容易成为朋友。

如果我们本身较对方在某方面更优秀,那么我们适当暴露自己的缺点能够让对方更喜欢我们。

因为表露自己的缺点可以让对方觉得我们也是普通人,进而不会对我们因为过多的敬畏而远离。另一方面能够让别人看到我们的真诚,至少我们不会将自己隐藏得太深。虽然暴露自己的不足,一开始会让自己不怎么适应,但是我们却可以收获更多的亲密关系。

如果我们一直隐藏自己的不足,开始可能会给别人留下好的印象,但是缺点一旦暴露,对方会更难接受我们。当然,表露缺点还能够让我们找到真正喜欢我们的人。

美国交友网站OKCupid(注:Cupid,爱神丘比特)对64,000名女性用户的数据进行分析,结果发现,如果男生们觉得女生长相的态度分歧越大,那这个女生会有更多人追。换句话说,如果人人都觉得一个女生漂亮,那么她受男生欢迎的程度还不及那些只有一半男生觉得她漂亮的女生。

他们发现那些长相存在争议,但存在明显不让一些男生喜欢的特点的女生(比如纹身、肥胖),收到的私信依然远多于那些让绝大多数人觉得非常漂亮的女生。

也就是说,如果我们表现得过于完美,多数人会对我们敬而远之。而且,等到我们在长期的相处中表露了自己的不足时,与我们交往的对方不一定喜欢或适应。但是，如果一开始就暴露出来而对方还能接受，那么这种感情也可以更持久。

不过，表露也分水平，俗话说："交浅不宜言深。"一个从不自我暴露的人很难与他人建立密切和有意义的人际关系。同样，习惯于不停向他人谈论自己的私密，会被他人看作是自我中心主义者。

我们对那些关系密切的朋友表露得深一些，多说一些；而对那些远一点的朋友则可以表露浅一些，少说一些。**社会心理学家认为，理想的模式是对少数亲密的朋友做较多的自我表露，而对其他人进行中等程度的表露。**

如果想要交往到更多的朋友，让人对我们更加信赖，我们也可以适当地多一些内心的表露。

# 相对剥夺
## ——令人反感的滥好人

记得看过这么一个故事：一个人经常跟舍友一起点相同的外卖，他也知道舍友喜欢吃打卤蛋，于是经常将自己外卖中的打卤蛋夹给舍友吃。久而久之，舍友习惯了他给的打卤蛋，有的时候就自己到他的外卖中夹走。

有一天他想自己尝尝鲜，就将打卤蛋吃了，舍友过来发现没有打卤蛋，就问："我的打卤蛋呢，你把它吃了？"

这种场景是不是觉得很眼熟呢？

我们身边也经常遇到这样的人。我们对他们好的时候，他们习惯了，但是突然有一天，我们没有办法继续对他们好时，他们往往不是理解我们，而是指责和抱怨。因为他们已经习惯了我们对他们的好，他们认为，我们对他们好是理所应当的。

这也就是常说的"一碗米养恩人，一斗米养仇人"。当我们在他们需要时给予很微小的帮助，他们往往会感谢我们，但是如果我们经常对他们好，却突然因为某种原因而无法继续支持他们时，他们反而会记恨我们。

那么，为什么会出现这种情况呢？答案在于心理感受的边际递减效应。这就像我们很饿的时候，我们吃下了第一个包子，会感觉很饱，再吃第二个时，饱腹的感觉就没有那么明显了。而吃第三个的时候，我们可能就感觉有点儿撑了。

同样，别人需要帮助时，他们就像肚子很饿的人，我们给予一些帮助，他们会感觉到明显的满足。但是如果我们一直这样下去，对方的心理感受就开始产生变化，进而不再是感激。

所以，我们要知道，并不是你帮助了别人，别人就会对我们心存感激。如果方式不当，对方还可能对我们心生厌恶。因此，我们千万不要做"滥好人"。

那么，我们该如何帮助别人，而不至于让对方觉得那是他应得的呢？

**最重要的是不要在一开始就付出过多。**因为你一旦在一开始付出过多，那么虽然你超过了对方的心理预期，能够让对方短暂地感受到你的有力的帮助，但是你在后期如果无法持续维持这样的水平，那么你依然很难得到对方的尊重。

在生活中，人们最喜欢的是那些对自己认同慢慢增加的人，最不喜欢那些对我们认同慢慢减少的人。为了验证这一心理现象的存在，心理学家阿伦森（Elliot Aronson）曾经做过一个著名的实验。实验安排被试者同伴用四种不同的情况评价被试者，分别是：

A：始终是肯定的评价。
B：始终是否定的评价。
C：先肯定后否定的评价，且否定程度与第二种情况相同。
D：先否定后肯定的评价，且肯定程度与第一种情况相同。

结果发现，被试者对那些原来否定自己后来又肯定自己的交往对象喜欢程度最高，且明显高于一直肯定自己的交往对象，而对于从肯定到否定的交往对象喜欢程度最低，且大大低于一直否定自己的交往对象。

这也可以用美国学者斯托弗（S. A. Stouffer）提出的"**相对剥夺**"理论来解

释。他们将自己目前的处境和我们一开始对其投入的帮助做了对比，即使依然得到了额外的支持，但是因为相比以往减少了，所以在心理上很容易产生"相对剥夺"感。

我们一开始给予对方的帮助比较多，当后面给予变少时，对方心理上就会产生"相对剥夺"，进而可能产生"一碗米养恩人，一斗米养仇人"的情况。

即使我们帮了别人很多，结果还是成了别人心目中最不喜欢的人。所以，帮助别人并不是越多越好，尤其是在一开始的时候。

除此之外，当自己有较为负面的信息或者建议需要传递给对方时，也可以采用"先否定后肯定"的模式去叙述，这样对方的排斥也会减少一些。

当对方在工作上有些失误或者不足时，我们对其提出改进建议时，可以先指出对方做得不足的地方，随后再赞美他做得好的地方，对方就不容易产生"相对剥夺"的感受了，也更容易接受我们的建议。

# 有效赞美
## ——夸赞是门技术活

好多书中都会写到,赞美是人际关系的润滑剂。但是却很少有人告诉我们为什么需要赞美,也很少告诉我们如何有效赞美。那么,赞美的意义到底在哪里呢?

美国心理学家亚伯拉罕·马斯洛(Abraham Harold Maslow)在其著作《人类激励理论》中,将人的需求分为五个等级,由低到高分别是:生理需要、安全需要、社会需要、尊重需要和自我实现需要。

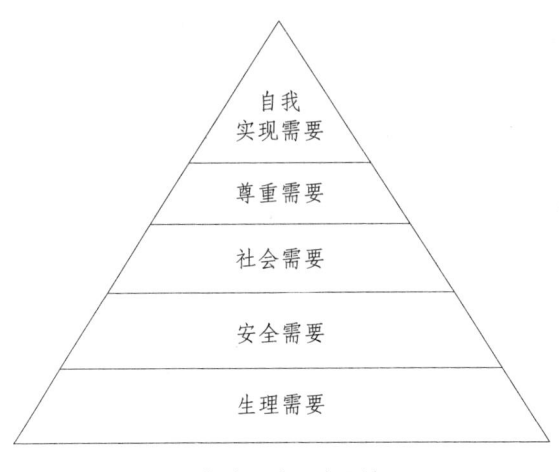

马斯洛需求层次理论

这五个需求有所交叉，但是低等的需求得到满足后，再高一个层级的需求就会变成主体需求。社交属于社会需要，而赞美则属于更高级的尊重需要。

大多数人的生理需要和安全需要都能够得到满足，并且也能获得一定的友谊，满足自己的社会需求。所以，我们在交往过程中会倾向于追求更好的需求，也就是尊重需求。

希望别人能够肯定我们的劳动成果和自己的特长。这是我们需要赞美的主要原因之一。

在马修·利伯曼（Matthew D. Lieberman）的《社交天性》中有一个实验：

实验者说服参与者联系他们的朋友、家人和一些对他们比较重要的人，请求他们给自己写一封信，请求时用非常积极的带有强烈感情色彩的语言来描述，比如你是唯一关心我甚于关心自己的人等。

就像生活中的其他基本奖赏一样，这些令人感动的文字激活的参与者的大脑区域，依然是我们愉悦回路中的腹侧纹状体。毕竟，凡是能够带来愉悦的事物，潜意识系统总是简单粗暴地总结为"进食和交配"。

可能一些人觉得 90 后越来越难以管理，动不动就跳槽，这背后的原因更多是因为尊重需求得不到满足。尊重需求和自我实现需求在很大程度上比金钱更重要。

这也在另一项研究中得到了一定的证明，实验者要求参与者为赢得他人的好评而竞价。结果发现，大多数参与者都愿意归还他们参加试验所获得的报酬，只为换得别人对他们的积极评价。

这个社会在时间线上的发展，也基本满足马斯洛的需求层次理论。这已经不再是吃不饱穿不暖的那个上世纪八九十年代，安全需求也能够得到满足，社交网络也满足了90后的社会需求。

90后的主要需求已经变为尊重需要和自我实现需要。如果我们跟不上时代的步伐，还抱着以往的奖惩制度去管理，就很难管住人，也很难留住90后的人才。

回到正文，前面大致讲了赞美对我们的重要性和积极意义。那么，怎样赞美才能够更行之有效呢？

如果你对一个女孩子说"姑娘，你好漂亮"，这样的赞美方式对方很可能会觉得你有些轻浮，没有真诚感。而如果想要让对方觉得你确实用心了，那么我们的用词最好能够具体些。我们可以从对方面部的一两个具体特征进行赞美，或者就对方的成就进行赞美。人在心理上会认为那些具体的、可描述的赞美会让人感觉到更多的真实感。比如《情深深雨濛濛》里面的何书桓对依萍的赞美是："有没有人告诉过你，你笑起来好好看？"

**赞美的基本原则依然是真诚。**如果背离了这个出发点，那么就是阿谀奉承。所以，如果找不到对方比较好的赞美点，那么我们最好保持沉默。没必要为了所谓的"好关系"，而选择背离自己人格品质的行为。

当然，**赞美也有有效益递减的规律。**如果一味地赞美，那么次数越多，对方对你的赞美就越无感。若批评不自由，则赞美无意义。所以，如果想要让自己的赞美更有意义，我们也应该把握好度，进行适当的赞美。

当一个人开始自我表露时，便是信任关系建立的开始；而对方以同样的自我表露水平做出反馈，也是一种表示对方接受信任的标志。

# 第三章 沟通的艺术
## ——怎样才能好好说话

我们通过沟通表达自己的观点，去解释、期望或者评价。沟通能够让我们学习到不同的思想，但是如果双方在交流过程中缺乏足够的信息沟通，或者表达上让人难以接受，就很容易产生不必要的误会。那么，我们该如何进行一场有益的沟通呢？

# 拒绝抬杠
## ——怎样改掉爱争辩的坏毛病

任何人都会生气,这也很简单,但是在正确的时间、正确的场合,用正确的方式表达愤怒,这可不简单。

——亚里士多德

世界因为每个人的不同而多彩,但是世界也因为每个人的不同而充满争执。每个人都希望被理解,每个人都希望被尊重。而这又非常难以实现,当我们觉得不被理解时,我们就会去解释,去争取。但是,对方却有着迥异于我们的想法。那么,讨论也就容易升级为争执。

究竟,我们为什么会与别人产生争执呢?

### 1. 自尊的保护需求

每个人都有自我形象维护的需求,抬杠的原因之一是为了维护自我形象——我不比你差。心理学上,有一个自我服务偏差的现象,也就是每个人都会美化和抬高自己。

有过这么一个实验:询问司机群体驾车技术的自我评价,结果只有1%的人的回答是低于平均值的。可见每个人在潜意识里是多么看重自己的形象。

抬杠本质上是一种相对的自我拉升，在争夺话语的控制权，属于竞争的一种。当我们在争论中获得主导权时，我们会认为获得了胜利，有时我们甚至会为了反对而反对，背离一开始讨论的初衷，只为获得自尊心的满足。

### 2. 宣泄需求

语言暴力也是暴力的表现形式之一，而暴力的宣泄能够获得跟其他本能欲望一样的快感。奥地利生物学家洛伦兹（K. Z. Lorenz）在《论侵犯》中写道："侵犯性具有自身的释放机制，与性欲食欲等本能一样都能够引起特殊的快感。"

人也是一种动物，在进化中也保留着许多的原始兽性。暴力的释放之所以能够带来快感，是因为它经常与资源的掠夺有关，无论是竞争配偶，还是捕食。所以，人是有暴力宣泄的需求的，在形式上分为内侵（自我伤害）和外侵（伤害他人），如果过于压制自己的本能，也可能会导致一次性爆发，而一次性爆发的人更可怕。

### 3. 认知域交集较小

我们对事物的认知不仅取决于客观情景，还取决于我们如何对其进行主观构建。正所谓横看成岭侧成峰，每个人对事物的构建基础都是自己的经验和知识。

两个人的知识面就像两个思维集合，他们存在交集，但是更存在差异，如果双方不站在对方的立场和经验考虑问题，那么这样的抬杠只会增加双方的矛盾。

讲完了我们抬杠找茬的原因，那么我们也分析一下，如何才能解决爱争辩的问题呢？

### 1. 增加共同视域

在辩论的过程中，尽可能在说一个观点前，增加自己的前提，告诉对方自己观点的背景和基础。同时，也尽可能问清楚对方的观点基础和背景。最简单的办法就是多问一句"我不太明白你为什么这么说,能再解释一下吗",这也给了双方讨论缓冲的时间,以减少不清醒。

记得电影《搜索》里面的叶蓝秋(高圆圆饰),她因得病而绝望,没有亲人只想借老板的肩哭一下,不巧老板娘来了正好撞见,被称为小三。她坐公交车时感觉太疲惫了,没有让座又被记者报道,变成人人皆知的"不让座墨镜姐",最后跳楼自杀……

如果每个人都能够与他人有更多的共同视域,那么就不会有那么多的指责和责怪了。而自己在生活中也是如此,如果能够增加自己与对方的共同视域,那么就能更好地理解对方的观点和行为,这样也可以减少很多不必要的争执和抬杠行为。

### 2. 提高自尊水平,懂得自嘲

高自尊的人更容易表现出攻击性行为,也更容易对别人的语言产生错误编码。因为他们能够维持自尊的方式比较少,只能通过抬杠和攻击性等所谓"战胜对方"的方式来相对提高自己。

如果我们是这类人,那么就要学会提高自己,其中比较简单的办法就是学会自嘲。自嘲是自我接纳的一种表现,能够较为坦然地面对自己的不足。这也是一种高情商行为,证明了我们有一定的自我认知,知道自己的一些不足并且能够接受。

加林斯基(Galinsky)发现,当我们主动将贬低身份的词语用于自己身上时,我们会产生更多的"权利感",缓解自己的不愉悦。另外,如果能够很好地接纳自己,能够接受自己的不足,也会慢慢明白什么是真正的自尊,什么是自己真正需要的,从而减少抬杠争执行为的发生。

### 3. 明确争辩的目的

有一天你想出门，你母亲觉得外面很冷，想要你多穿一件大棉袄，而你觉得棉袄太厚，怕待会运动过热，你执意不穿。于是你母亲说了句："不穿就不准你出去。"可能一开始是交流，慢慢就变成了争执。为什么会出现这种情形呢？

这是因为，我们在沟通过程中，区分了自我与母亲的关系，甚至形成了对立。这个时候，在交流的过程中，变成了双方互相争执的模式（A→B），而不是双方一起解决问题（AB→问题）。

在沟通中，关系一旦形成对立模式，我们就会排斥母亲的各种建议。母亲则会为了维护权威形象，与我们展开"拉锯战"。而如果共同立场是去面对问题，就好办得多。

当母亲希望自己多穿一件外衣再出门时，你可以加一句："妈妈，我知道你是为了我好，不过我一会儿可能要运动，会流汗，所以就不穿了。"母亲也不会感受到立场的对立，也就不会有人多的想法。

所以，我们在沟通过程中，一定要注意，不能为了反对而反对。这并无益于解决问题，反而可能引起一场不必要的争执。在解决问题的过程中，可以尝试多用"我们"，少用"你"，让对方感受到你们处于同一立场，是在一起解决外部问题。

### 4. 合理宣泄

争辩是暴力的宣泄方式之一，也不应该完全摒弃。我们也经常看到这样的情况：小两口经常吵架却没有离婚，但是模范夫妻却因为一次小打小闹而分开了。因为争吵也是交流和沟通的一种方式，本质上也能够增加双方的需求了解。

另外，争辩也能够合理发泄个人的暴力行为，避免长期积压造成一次性爆发。所以，适当地与他人争论是有益的，但是人身攻击以及粗话则是应尽可能避免的。这样也才能是一场互益的争论。

### 5. 控制音量

当一只狮子进入另一只狮子的领地时，狮子之间在打斗前会互相嘶吼，通过气势吓跑闯入者。同样，人类也有这种行为机制，想通过加大音量，在气势上让我们的反对者屈服。但是在大多数情况下，这种做法往往都是失败的。

这是因为，加大音量会让对方感受到你的侵略性，从而产生排斥心理，为了维护自身尊严只能反击，让争论变成争吵和抬杠。所以，自己也应尽可能控制音量。

我很喜欢孟非的一句话："当我们开会在争吵时，别人之所以愿意听我的建议，是因为我说话非常小声，别人总是不得不停下争论问一句：他刚说什么了？"

用我非常喜欢的一句话做总结就是：**没有完美的事物，那么它存在的不足，只要有心，就可以用它的不足来跟你争论甚至攻击你。**同样，也不会有绝对正确的观点，抬杠不会有真正的胜利。

# 为何家会伤人
## ——如何与家人亲密相处

有的时候，经常与父母争吵不是我们的错。毕竟，父母是一个不用通过考核就能够做的"职业"，本身质量良莠不齐。不过，我们对自己的反省也不能少，否则我们可能是下一批质量不合格的父母。

那么，为什么有些同学可以和老师同学相处得更好，而与父母有更多的争吵呢？

### 1. 亲情的分离性

在动物的世界里，许多动物长到一定年龄就会被父母驱逐离开，逼它们走向独立，有的动物甚至刚刚出生，就会被父母"抛弃"。人类作为进化的产物，也留有这样的进化遗迹。

**亲情的天然属性是分离**，在青春期与父母的争吵，实际上也是到了我们独立的年龄，父母在履行进化的使命，也就是"赶我们走"，驱使我们走向独立。

然而，因为现代社会过多的保护，太多青少年本身的自主能力没有得到完善，尤其是经济方面。"我长大了"和"你长这么大了"是争吵时双方经常出现的敏感词。

我们年龄与能力的不匹配，也导致了我们的独立性缺失。我们想独立，但是却不得不依附于父母，这是我们的内部矛盾。

## 2. 控制感

我们对环境的安全感知是建立在对环境的控制感上的。如果我们能够确定环境都是可控的，那么我们就会有更加愉悦的心情。如果环境中存在不可控因素，那么我们就会有较高的生理唤醒。

就像原始人不确定草丛中是否有狮子一样，需要保持"警戒状态"，这个时候，在较高生理唤醒状态，人对环境也有更多的不信任，很容易与他人发生争执。

我们与父母发生的争执，大多是"控制权"的竞争。当我们长大了，自我意识开始觉醒，我们需要对自我的控制权，但是父母保留着原先的习惯，依然保持着之前对我们的指导惯性。

一般来说，父母控制欲越强，越容易与孩子发生更多的矛盾。因为孩子的控制领域被过度压缩，会产生很大的反弹，进而养成较为叛逆的性格。

## 3. 积累与超限

矛盾是事物发展的根源，但是矛盾不是一蹴而就的，而是在一定量变之后的表现。

当我们感到疲劳时，其实身体在之前就已经消耗了非常多的能量，也积累了很多"毒素"。同样，当我们与父母发生矛盾时，我们在之前也积累了很多争吵的"材料"了。

所以，我们与父母的矛盾是因为一件一件琐事所叠加起来的爆发，就像社会资源流动性受阻慢慢静止时会产生社会叛乱一样，我们也会因为琐事一点一点积累，加上宣泄受阻而爆发。

### 4. 信息流差异

以前我们都说代沟，现在开始讲"年沟"了。我们所能够接触到的信息会形成我们的观念，而父辈与我们所获取的信息差异度相对比较大，这就导致了我们观念不同。并且，随着网络信息变化的加速，这种观念和价值倾向的差异越来越大。

你觉得是对的，他觉得错了；你觉得好的，他觉得坏。而相对来说，老师的思想较为开放，能够接触的信息与我们有更多的重合，同学朋友则是年龄相仿且有经常性的沟通，他们与我们的信息流有更多的相似性，所以更能理解你的想法。

另外一种信息差异就是"子非鱼，安知鱼之乐"。父母也不是我们，他们不能够完全感知我们的需要。他们觉得外面天冷我们需要多穿点，但是我们觉得还行，怕不方便不想穿。我们也不是父母，不总能站在父母的角度思考问题，然后就开始了拉锯战。

### 5. 社会形象成本

狮子如果遭到群体的排斥而落单，往往意味着死亡。人类如果遭到群体的排斥，虽不至于死亡，但是资源的获取难度会加大，保护自己的能力会降低。

所以，人会很在意自己的社会评价，在群体面前，我们会更加在意自己的社会形象，所以我们会自然而然地表现出更有礼貌的行为，并且更懂得克制冲动。

如果家庭中父母心中的孩子形象是正面的、积极的，那么他们就会更加在意自己的形象。他们会做更多的形象管理，让自己的行为趋向这个形象。

如果他们的形象在父母心中比较差，那么他们就更不会在意自己的行为对自己形象的影响，因为在父母面前，他们维系社会形象的成本很低。在这种情况下，孩子就会采用对抗的方式，他们没有需要维护的形象，因此其他方式让他们觉得"吃力不讨好"。

讲完了父母与孩子的矛盾产生的一些原因。作为一个过来人，我也分享一些与父母积极"抗战"的经验。

**1. 释放引导**

人类攻击性分为身体攻击和言语攻击。攻击性与其他人类本能一般，都会引起快感。如果我们长期压制攻击性，会对身体产生较多伤害，甚至产生更大的破坏性。

我一个朋友的孩子很喜欢养小动物，我去他家的时候，他告诉我他养过很多次仓鼠，大多都很喜欢咬人，他喂食和抚摸它们时受了几次伤。我建议他在笼子里放一些仓鼠的玩具。一段时间之后，仓鼠变得温和多了。

之所以会这样，是因为仓鼠也有攻击的本能，如果没有东西给它们宣泄，无法磨牙，无法玩闹，它们的攻击性就会一直积累着。所以，**小时候对孩子进行各种限制，不让孩子出去玩的家庭，孩子也更容易产生叛逆。**

就像经常生小病的人反而不容易生大病，经常小吵小闹的两个人关系也不会很差。因为争吵也是一种沟通方式，而沟通是了解对方需求和相互磨合的办法。所以，不用太害怕争吵，那是一种释放和促进。

我们更该考虑的是，如何进行不伤害彼此的有效争吵。比如，清晰界定问题，不要人身攻击，不要"炒冷饭"，不要想着说服对方等。其中的细节，大家可以自己去思考。

**2. 远离应激源**

哲学上认为，矛盾是对立统一的。同样，争执也是一种矛盾，缺少了一个对象，争吵就难以进行。而应激源的一直存在更容易对我们的情绪做直接的反馈，从而更加极端，越吵越凶。

如果想要减少自己的愤怒，最好是暂时离开应激源，也就是在争吵时，主动离开阵地，克制住反击。人的愤怒情绪具有应激性，在初期的破坏性很大，可能 10 秒左右的冷静，就能减弱很多。

暂时离开"阵地"可以让自己愤怒的破坏性降低，也能让双方得以缓冲，减少情绪化反应并整理思路。

### 3. 写争吵总结

总结的目的是为了避免错误。学生时代，那些学习成绩很好的学生大多有自己的错题本。而在生活中，如果想要让自己减少与身边的人发生过多的争执，最有效的办法就是经常性地总结自己的争吵经验。

比如记录自己是否进行人身攻击了？是否是由于自己没能站在对方的立场考虑问题？是否自己"信息编码"错误了？诸此种种，都用笔记或者日记的形式记下来，相信长久下来会对自己有很大的提升。

**一个人能够成长得多快，部分原因取决于他的经历和学识，但是更取决于他对事物和场景的反馈能力。能够及时反思自己，并在以后少犯错误。**

如果想要让自己进步更快，那就需要不断地给自己反馈。做笔记和写日记是最好的反馈方式。

### 4. 赋予孩子/家长良好形象

前面也说到，如果我们赋予孩子/家长较好的社会形象，那么他们就会表现出更多的友善行为。外在评价是会影响内在思维的，我们都倾向于成为别人希望我们成为的那种人。

所以，尽可能真诚地去夸赞孩子/家长，是减少争执的办法之一。当孩子/家长感受到自己的行为与他人对自己的认知标签不协调时，他们会对自己的行为进行调整。

**亲情像空气，我们不会特意感知它的存在，但父母对我们的作用却如同空气般重要。**

所以，我们有必要多学一些交流与沟通的知识，年轻时做个合格的孩子，有孩子了做个合格的父母。

# 善意的释放
## ——如何更好地与别人聊天

我们不学气候学,也可以知道天黑要下雨。不学销售技巧,也可以去说服。但是,那样做的出错率比较高、效率也会比较低。同样,**不学习聊天技巧,也可以跟人正常地聊天,但是学会了,能让人更容易喜欢你。**

那么,怎样才能够更好地跟别人聊天,并增强相互之间的好感呢?这里我们大致讨论一些基本策略。

### 1. 调整心理距离

心理学上有一个关于我们在有限空间的反应的研究:我们在升降电梯中经常会无意识地向上看(当时还没有手机)、看到别人的眼睛也会更加不安,其中的一个原因就是空间太拥挤了。

在进化过程中,除非确定是安全的,我们才会与他人靠得很近,但是现在旁边的人不确定是否是安全的,那么近的距离会让我们产生来不及"反应"的感觉,从而感到不安。这是心理距离在空间维度的表现。

那么,怎样确定他人的空间心理距离呢?

心理学家爱德华·霍尔(Edward T Hall)对此曾经做过研究,并且得出结论。他认为,人们的亲密距离一般为 0 到 0.45 米,个人距离是 0.45 到 1.22 米,社会距离是 1.22 到 3.66 米，公众距离是 3.66 米以上。其中，0.45 到 1.22 米是我们与他人沟通时的一般距离。

而具体的数值，可以观察自己向前是否会引起对方不自觉地后退。如果是，那证明在这个距离内，对方对你还没有建立起安全感，你也不要侵犯进去，否则很容易激起对方的生理应激。

心理距离在情感上的表现是，你可以讲什么话题。情感心理空间距离很小的人，他们的话题往往更加"污"一些，会经常性地互黑。

比如说，你最好的朋友也会经常性地黑你，而你不会介意，因为你们的情感心理距离小，都是确认对方是安全的，无恶意的。但是如果双方还没有确定对方是否对自己有隐形威胁，就聊一些相对有戏谑性质的话题，那么很容易不欢而散。

所以，在聊天过程中，要尽可能确定自己和对方的空间心理距离和情感心理距离。直到双方对对方有基本的了解，并建立安全感后，再进行适当调整。

**2. 学会具体性赞美**

赞美是人际关系的润滑剂，但是实际上很多人都不是很会用。那么，怎样才能够更好地去赞美呢？我觉得首先要符合事实，看到有才说有，那是对双方的基本尊重。

另外就是，赞美的具体化策略。与平淡的描述相比，我们更喜欢去捕捉那些美丽而生动的语言，我们也更乐意接受那些生动语言所描述的内容。

人的大脑是非常容易受可视化信息影响的，我们的赞美更加具体和有细节，那么对方会觉得更真实，而且会觉得你是一个很用心的人。

**一个漂亮的女孩被人夸漂亮是经常的事情，你再去夸漂亮对她心理的边际作**

用是非常弱的，你可以尝试寻找对方其他闪光点，比如说，手指很纤细，锁骨很性感之类的。那样的夸奖也更有水平。

3. 学会提问

"A：你吃了吗？

女神：吃了。"

……

上面这类对话是不是很熟悉呢？然后接下来就是无边无际的冷场了。

其实，这种情况之所以会发生，主要是因为提问没有策略，我们应该尽可能提问方向性的问题，而不是选择性的问题。甚至可以直接提问假设性的问题。

至于怎么问，要根据对方的社会角色和性格区分。但是提问的问题不要太烧脑，一旦烧脑了，对方敷衍你的可能性就很大。

你看到一个护士感觉挺有爱的，想要过去聊几句，寒暄几句，你就说："我感觉你们医院挺不错的，你觉得怎样？"对方说："还可以啊。"然后她继续忙她的，只留你继续在风中凌乱……

这是因为对这样的提问，如果对方认真回答的话，她需要花费很多的精力去组织语言和搜索论证的信息，所以就感觉回答这个问题的成本太高了，于是索性说"还可以"，就不用那么烧脑了，还可以做自己的事情。

其实你可以这样说（不做参考）："听说，护士都喜欢医生，这是真的吗？"

其实，提问最好让对方对你的问题感兴趣，并且不觉得烧脑。建议大家去看尼尔·布朗（Neil Browne）的《学会提问》和斯科特·普劳斯（Scott Plous）的《决策与判断》。

### 4. 行为和情绪的自我调控

**行为和情绪具有感染性。** 生活中，我们看到别人打哈欠，也很想打哈欠。这个现象的其中一种科学解释是，**我们大脑中存在一种模仿他人行为的神经元——镜像神经元**。我们很容易受到周围人行为的影响。

电视里经常出现的罐头笑声的配音用的也是我们情绪和行为容易受到感染的心理学效应。如果我们忽略那些笑声，认真去听那些娱乐节目的内容，你会发现，其实那些笑话很尴尬。

但是，节目组通过笑声噪音，削弱了我们对内容的判断力，也利用了我们的镜像神经元的工作原理，让我们觉得这个节目有意思。

而在交流过程中，如果我们动作显得懒散，对方也会受我们的影响而进行消极反馈。在交谈过程中，如果我们显得很拘谨，对方也会变得小心翼翼。

所以，我们在交谈过程中，应该尽可能保持自己较好的精神状态，对方也容易受到我们的感染，对我们也抱以积极的回应。所以，如果希望对方能够有更多的反馈，就不要让自己显得过于拘谨。

### 5. 增加熟悉感

人们倾向于喜欢熟悉的东西，熟悉在我们潜意识意味着更多的安全感。冬天里兔子出来觅食时，喜欢走留有自己脚印和味道的路，因为它们知道上一次走这条路没有危险。

人类也是如此，倾向于喜欢熟悉的道路。通过增加熟悉感，能够有效地减少与对方的认知隔阂。就像鲁肃见到诸葛亮的时候说的第一句话是，我是你哥哥的朋友（大意如此）。目的也是为了增加熟悉感。

在交谈过程中，我们可以寻找与对方相似的地方来增加熟悉感，比如说都是广州人，或者毕业于同一个学校，通过寻找地缘和经历的相似性，带来熟悉感。

除此之外，**观点相近也能够增加熟悉感。**当对方表达与我们相似想法的观点时，我们可以表示更多的认同。当彼此之间的熟悉感建立起来后，才有机会进行更多的相互了解。

### 6. 克制过强的表现欲

根据马斯洛需求层级理论，我们每个人都有被认可和肯定的需求。我们希望自己的观点被认可，我们希望通过分享让对方觉得自己渊博。

但是一个人表现出过强的表现欲，也会表现出较强的隐性攻击形态，比如贬低他人。这样，就会让对方觉得你没有安全感，从而适当地对你保持警戒和距离。

这也是为什么我们不喜欢"过度自我卖弄"的人的原因之一，因为很多人的"自我卖弄"建立在诋毁和贬低他人之上，或者让别人感到自己很蠢。

适当表明自己的身份和地位很有必要，毕竟信任的建立需要相互的表露。但表露不是一味地单方面强调自己的诉求，更没必要一开始就出"王炸"。有所保留，对方反而可能被你激起认知闭合的需求而追问，也就是成功激起对方对你的兴趣。

### 7. 尽量让对方表达

如果对方与我们交流，能够感受到我们对他的尊重与重视，那么对方也会更加乐意与我们交流。

如果对方希望我们能够给予对方更多的关怀，那么当他找我们诉说时，我们也应该尽力让其感到温暖。在与人交流过程中，**尽可能让对方表达本质就是**

让对方建立表现欲的满足机制和寻求安慰的代偿机制，如果能够结合固定的时间点，那么就更容易增加对方与我们交流的好感。

但是，真正的沟通和交流中最重要的，还是真诚。不真诚的话，再多技巧也是徒劳。

# 自我实现预言
## ——肯定别人是高效的建议方式

我大学的时候，有一次因为没有注意到室友在睡觉，看视频的音量比较大，吵到了他。他并没有直接对我说你视频声音太大了，关小声点，而是用带着睡意的声音说："XX，你作为一个高情商的人，我要睡觉了……"我回头看到他躺在床上就明白他要表达什么了，于是对他笑了笑，戴上了耳机。

还有一次，期末我们到图书馆临时"抱佛脚"，一对离我们不远的情侣吵了起来，非常吵闹。我同学觉得影响不好，他过去也不是直接说他们的行为影响到几十个同学学习了，而是对那个女的说："我们都是有素质的大学生，请注意一下自己的行为。"

他之所以能够让人更愿意接受他的建议，实际上是因为他利用了心理学上的**自我实现预言——我们对别人的心理预期会让对方产生往这个方向发展的倾向。**

社会心理学家罗森塔尔（Robert Rosenthal）曾经做过一个实验。他和助手们来到一所小学，说要进行7项实验。他们从一至六年级各选了3个班，对这18个班的学生进行了"未来发展趋势测验"。

之后，罗森塔尔以赞许的口吻将一份"最有发展前途者"的名单交给了校长和相关老师，并叮嘱他们务必要保密，以免影响实验的准确性。事实上，名单上的学生是随便挑选出来的。

但是 8 个月后，罗森塔尔和助手们对那 18 个班级的学生进行复试，结果，奇迹出现了：凡是上了名单的学生，个个成绩都有了较大的进步，且性格活泼开朗，自信心强，求知欲旺盛，更乐于和别人打交道。

这就是自我实现预言的威力，罗森塔尔将名单提交后，老师们对学生们产生了积极的心理预期，并且反馈以这些学生积极的行为和态度，让这些学生感受到鼓励和支持，进而变得更加积极和自信。

同样，**如果我们想要别人在不良习惯上有所改变，我们也可以用这种方式去让他们朝更好的方向发展。**

当我们想要让自己肥胖的老爸减肥时，我们不应该对他说："老爸，你太胖了，再这样下去对身体不好，你需要减肥。"这样，只会让老爸固化自己是"肥胖"的形象，反而更难以行动起来。

如果想要让自己的父亲更好地改变，我们需要不断提醒的是："老爸，我觉得你挺会养生的，如果能够把身体养瘦点就更好了。"这样就不会让他产生与减肥相矛盾的"肥胖形象"，反而潜意识里激发他追求健康的形象，进而做出与其形象一致的行为。

**"自我实现预言"在儿童身上效果最为明显，因为儿童时期是我们模仿力和表现欲最强的人生阶段。**一旦我们给孩子贴上一个"标签"，他们就会给自己做形象管理，使自己的行为与所贴标签内容相近。

所以，当孩子做错事时，那些经常被孩子批评"你怎么那么不乖"、"你怎么那么笨"的父母，他们的孩子也会朝着他们的"预期"发展，进而造成一个恶性循环。

积极心理学创始人克里斯托弗·彼得森（Christopher Peterson）在其著作《积极心理学》中说道，积极的语言和情绪能够扩宽孩子的思维和提高他们的创造力。相反，过多的负面评价，会让孩子发生思维的"窄化效应"。

一项关于贫穷对个人发展的长期研究发现，贫穷家庭的孩子接收到的词汇量是中产以上家庭的一半，而接收到的负面语言则较之更多，而这可能是造成下一代贫穷的原因之一。

所以，想让身边的人听进我们善意的建议，并且变得更加积极和友好，我们可以用"自我实现预言"的心理学技巧，给他们贴上积极的标签，让他们朝着这个标签发展。

如果我们想要别人在不良习惯上有所改变,我们可以用心理学上的"自我实现语言"让他们朝更好的方向发展。

## 第四章 相处的艺术
### ——一个自我完善的过程

心理学家斯蒂夫·科尔（Steve Kerr）研究发现，孤独感对人的伤害不亚于香烟，经常感到缺少社会支持的人，他们体内的皮质醇水平更高，导致炎症的蛋白质也更为活跃。我们的身体已经适应了这种群居的习惯，那么我们该如何更好地与身边的人相处与合作呢？

# 本能干涉
## ——如何避免无故讨厌一个人

有的时候，当我们见到一个人，即使在此之前并没有相遇过，也无任何瓜葛，也会下意识地不喜欢对方，有很强的排斥感。

不喜欢一个人绝对是有原因的，只是很多时候我们自己并没有察觉出具体是哪些，或者说不出为什么，就是有一种不喜欢的感觉。这种感觉实际上就像闻到臭味就想捂鼻子、遇到危险要逃跑一样，都是一种自发的保护机制。

那么，我们为什么会讨厌一个人呢？

### 1. 资源的竞争

当我们与别人发生资源竞争时，我们或多或少会排斥对方。人类的大多数战争都是围绕资源的争夺而产生的，缺少资源意味着生存劣势。

所以，在进化过程中，我们很自然地产生对资源竞争者的警惕和潜意识的敌意。我们对远方的强者有更多的敬畏，而对身边的朋友会有更多的嫉妒。

实际上，这是因为我们与朋友的资源的交集比较大，产生的竞争比较多。一旦产生了竞争，那么就存在一定程度的对立。这样就很容易产生敌意和对对方的厌恶。

人类的战争大多都是围绕着资源的掠夺而进行的。在生态系统中，两个物种存在的资源交集越大，它们之间对彼此的敌意也越强。同样，**个人如果与他人存在较多的竞争，那么很自然地会产生与对方的对立关系。**

**2. 安全需求的应激**

另外，如果一个人经常侵犯我们的心理空间，我们就会讨厌对方，想要与之保持距离。巴斯（David M. Buss）在其著作《进化心理学》的观点是：**我们之所以会厌恶一些人和事，是一种自我的保护机制，可以让我们规避掉一些对我们生命的威胁。**

我们需要通过对环境的控制感来获得安全感。如果我们对环境的控制感很差，那么我们就会产生更多的应激反应——因为没有控制感，往往意味着存在风险。

就像听到手指划玻璃的噪音，即使实验证明，它对我们的听力没有任何影响，但是我们还是会自发地厌恶，这是因为它对环境的其他信息有一定的屏蔽作用，让我们无法更好地评估环境，造成我们对环境的预期不稳定，进而产生恐惧与厌恶。

在生活中，如果有一个人经常给我们制造非常多的不确定性因素，我们就会对其产生非常多的排斥感。

比如说，在大学宿舍里，到了关灯时间，你想要入睡，但发现还有人在打游戏、放音乐，制造吵闹的环境，你可能会很不开心。这是因为你觉得这些因素干扰到你对睡眠环境的控制感。

实际上，**生活中凡是强加到我们身上的，都会削弱我们对环境的控制感，让我们感到不安全、不自在，也会让我们产生一定的厌恶感。**

### 3. 隐形记忆的"错搭"

> 只因为在茫茫人海中多看了你一眼，两个人莫名其妙就打了起来。

这个段子透露着我们不喜欢一个人的另一个原因。在生活中，我们会看到一些人，还没有说过话，更没有任何其他接触，就觉得注定与这个人合不来。传统说法是气场不合，现在的说法是心理不相容。

我们无缘无故不喜欢一个人，可能是因为他与曾经让我们受过伤害的人或事，有一定的相似处，甚至是我们自己脑补出来的相似处去佐证。

对这种"无缘无故"的不喜欢，也有另一种解释，那就是，他与我们的行为模式有较多的重合，让我们感觉到本我的显露，不自觉地讨厌他实际上就是讨厌内心深处那个想要隐藏的自己。

无论是哪个原因，它都更像是我们的内隐记忆发挥的作用，即使我们无法想起来，但是它就是在潜意识里影响着我们对他人的认知，进而进行喜恶判断。

### 4. 反应性厌恶

我们不喜欢别人的第四个原因也可能是在接触过程中，发现了对方对我们的负面态度，进而产生抵触情绪。情绪本身具有感染性。要是我们受到别人的拒绝，那么我们很容易感到失落和不开心。

如果对方给的理由是非常主观的——没什么，就是不喜欢你才拒绝的。那么我们就会因为对方的敌意产生更多的厌恶。

人的情绪超过 70% 可以通过身体察觉得知。如果一个人不喜欢我们，即使言语上没有很多表现，但是我们还是能够感受到对方的想法。这是很自然的生理反应。

因为一个充满敌意的人会唤醒我们对环境的更多警惕和攻击，以保证自己的安全。同样，我们的不友善也会让对方产生反应性厌恶，不喜欢我们。

总之，排斥一个人大概有以上的原因。被人喜欢和欣赏是一件很美妙的事情，每个人都希望能够让更多的人喜欢。但是，让每个人都喜欢是一件非常困难的事情。即使是同样的行为，可能有的人认为是勇敢，而有的人则认为是鲁莽。

所以，被人不喜欢也是一件很正常的事情，我们也应该理性接受这个事实。那么，我们该如何面对那些不喜欢我们的人呢？

### 1. 保持距离

首先，如果说双方的关系比较差，最直接的办法是保持距离。噪音源离我们越近，越让我们感到烦躁，厌恶源离我们越近，那么我们也越容易陷入不愉快之中。

距离太近的情侣，比如说大学同班的情侣，可能更容易分手，一个原因可能是吵架的时候，没有距离带来缓冲，进而越看越生厌，导致破裂。

如果无法忍受讨厌的人，最好的办法是换一个环境，远离他们。人有一套很好的自我保护机制——那就是遗忘。只要不经常看到，那么，我们慢慢也不会记得他对我们的意义，以及对我们的负面影响。

### 2. 增加合作

当然，如果感觉对方存在对我们的误解，我们也可以通过增加与对方的合作来化解误会。竞争性接触会分化关系，但是合作性接触会让我们对对方的好感增加。

就像一些国家的政治家为了转移内部矛盾，往往是制造外部的敌人，比如，美国制造中国威胁论。通过共同的敌人和外部目标，让我们产生群体的归属感，进而减少内部的破坏行为（比如游行抗议等）。

我们也可以常在电视剧中看到，那些原本有过节的人，因为一个任务被分配到了一起，然后慢慢地因为合作而对对方有更多的好感和信任。成功的合作能够增加相互的吸引力，减少厌恶。

如果想让对方减少对我们的厌恶，可以让对方帮我们的忙（而不是去帮对方的忙）。**对方帮助我们的同时，会产生对我们更多的"弱者关怀"，以后也更可能帮助你。**想让两个互相讨厌的人减少敌意，有效的办法是让他们必须协作完成一个任务并且成功。

### 3. 意识到放大的生理反应

**有的时候，我们对环境和他人的排斥可能是我们放大的生理作用所造成的。**比如说，我高中的时候学习非常努力，高考的压力比较大，基本每天都是晚上一点睡觉，六点起床，没有午睡。

但是那段时间，我对班级里产生的任何声音也非常敏感，对一些不和谐的行为都看不顺眼，虽然靠着较高的情商，能够很好地制止别人，但是有时也能感受到确实是自己的问题，产生了明显的环境适应不良。后来，我每天起床后都到操场跑步，也开始培养午睡的习惯，慢慢才好起来，不再对环境敏感多疑。

直到看到书上写的知识我才明白，当自己身体状况差的时候，身体会自发地感受到自己的不安全情况，也会分泌更多的皮质醇应激，进而更为警惕周围的环境。

有的女孩子在生理期间也是如此，因为营养元素大量流失，她们的身体状况下降，潜意识里发出"我受伤了"的信号，大大提高了应激激素皮质醇的含量，进而释放出体内储存的能量，促进恢复。

这些生理反应会导致她们对周围更为敏感多疑，进而有更多的攻击性。而由这些情况造成的对环境和他人的厌恶都是可以通过锻炼来规避的。

**锻炼能够促进我们的身体释放血清素和内啡肽等物质。**运动时，大脑感知到身体的疲劳就会开始释放这些物质，减少身体的疲劳感，促进身体恢复平静。

同时，这些兴奋类激素也能够帮助我们消除各种紧张和不安。足够的锻炼可以大大减少不健康引起的过度敏感和紧张。

另外，当发现自己的不友好时，一定要提前干预。**嘴巴没说什么，但是身体总是很诚实。**我们的情绪有 70% 以上可以通过身体传达。即使我们隐藏对一个人的讨厌，但是对方还是会很轻易地感受到你的不友好。

情绪会随着互动反馈。当对方察觉到你的不友好之后，往往也会反馈以不友好。所以，如果想要忍住不愉快的情绪，也请记得控制自己的身体语言，尽量放轻松，自然些，减少刻意——想让对方减少敌意的前提是：你也减少敌对。

还有，当自己不喜欢一个人的时候，我们在编程对方的语言和行为时会有更多的主观成分，当出现"可疑的信息"时，往往会自发脑补验证它："我就知道他不怀好意，我就知道他是这种人。"

实际上，对方的行为并没有针对性，但是却被我们的大脑自发定义为针对我们的，进而做出负面反馈，以牙还牙。结果自然是双方的恶意越来越多。

所以，当自己对一个人有所厌恶的时候，一定要提前干预自己的行为，减少恶意和扭曲。

# 模糊的边界
## ——如何放下自己的执念

可能我们会遇到这样的情况：感觉明明对一件事或一个人喜欢得不得了，但是当自己真正得到之后，发现他/她并没有自己想的那么完美，自己也并不是真的那么喜欢。

为什么会产生这样的情况呢？一个人为什么会放不下自己的执念呢？

### 1. 认知闭合的需求

人天生就有一种办事有始有终的驱动力，人们之所以会忘记一些已完成的东西，是因为想要完成的动机得到了满足。如果工作还未完成，这个动机便会使我们对此留下深刻印象，从而使得我们没有办法安心去做下一件事情。

比如，我们会在外出开房的时候记得自己的房间号，但是一旦离开就很快忘记。还有，你在玩游戏时，即使当你妈喊你全名吃饭的时候，你还是会说：玩完这局我就来。

### 2. 沉没成本的干扰

另外，人们想要放下自己的执念的时候，不仅是看这件事情对自己是否有益，而且还要看过去是否在这件事情上有过投入。如果我们曾经投入过，那么我们就会对这件事情更有执念。

人对"获得"和"失去"是有两个心理账户的。大脑对损失和恐惧有着更加敏感的反应，知道自己一旦放弃和失去，那么就会带来恐惧和损失。所以，大脑会对自己的付出特别敏感。

一些人之所以赌博赌得倾家荡产也是这个原因，总想着赢回来。一些情侣分手的时候经常会听到这么一句话：我为你付出那么多，你为什么还要离开我？

### 3. 自尊心引发的逆反心理

还有，人天生就是逆反动物。参与稀缺竞争，会带来强烈的刺激性。我们会因为受拒绝而感觉自尊心受损（丢脸），我们去做一件事情，可能后来的目的不再是当初的那个，更多是为了挽回面子，这也是心理学上的"受挫-攻击"理论。

因为受挫被拒绝是会带来攻击行为的，有的人的攻击性较为温和，就会表现为更加进取和努力。有的攻击性较为激进，就会产生暴力行为。电视剧的桥段怎么演来着？霸道总裁遇到一个敢于反对自己的人，为了让她服从和认同，自己想方设法在她面前表现自己。

### 4. 对确定性的追求

神秘感会让我们对事物有更多的敬畏，我们对神秘的事物也会有更多的崇拜。一旦一些人或事能给我们足够的确定性，那么我们就会减少对他们的尊重和执念，就像我们现在知道了风雨的形成原因，我们也就不会再相信"风神雨神"。

这也是为什么我们会对亲人表现出更多不满的原因之一，因为他们是确定的，我们知道是安全的，得罪的成本在可接受的范围之内。而陌生人则是一种不确定和得罪有风险的，谁也不知道他们会给我们造成多少伤害。

表现在执念上，我们对一些人之所以恋恋不舍，是因为他们给我们带来了轻度的不确定性，让我们感觉到神秘，感觉到很有吸引力。当对方一言不发时，会让人焦躁地想知道对方内心在想什么。

我们会一直处于猜想之中，越陷越深。对方的一举一动我们都认为有其含义。这个时候，我们很容易模糊这种情绪的界限，因此念念不忘。

讲完了我们为什么会有执念，大家可以根据上面的分析自己去想想办法，我在这里也提供一些我的经验。

### 1. 完成未完成的事

完成一件事情是放下执念的较好办法。我们看电视经常会有这么一幕：垂死的人憋着一口气，等一个人来说最后一句话。然后才离开。其实比起抗日神剧，这不算扯，而是认知闭合的需求带来的力量确实非常强大。

所以，如果说那件事情是能够实现的，那么就尽可能去做吧。比如，向喜欢的人表白，失败了也当作完成了（当然，也可能引发受挫-攻击）。

### 2. 反问自己的本意

沉没成本到底是放弃还是不放弃，其实是非常令人头疼的一件事。放弃了可能导致浪费，继续坚持可能造成更多的损失。就像追女孩追个千辛万苦，还是不能俘获芳心。想放弃，觉得自己再坚持一下可能对方会同意的，但是又觉得貌似永远不可能。

但是一些事情比较确定，那就是对事物的认知态度——自己是真的喜欢，还是因为舍不得沉没成本？买了一张电影票，看了一半，觉得不好看，那么就离开吧。

这样自己也可以省下更多的时间去做自己喜欢的事。不要舍不得，否则是错上加错。同样，对一个人已经感觉不到温存了，也就不要再勉强自己和欺骗自己了。

### 3. 减少距离带来的美化

我们会因为距离感带来对对方的尊重和喜欢。有些时候我们之所以放不下一些人和事，是因为这种距离感，让我们过度美化所需要的东西。比如我们父母口中"隔壁家的孩子"。

比如我们的"上一届学生"总是很厉害。这都是距离感带来的不正确认知。只是这样的距离感让自己看不到，从而美化了未知的和未得到的人或事，让人更加迷恋。

每个人，每件事物，都会有自己的不足之处，直到自己接近他的时候，你可能才会发现：他并没有我想的那么美好。

### 4. 接纳心中的念想

我们越是排斥一件事情，那么它就会越是影响我们。就像那句"不要去想大象"，反而让我们脑子里满满的都是大象。所以，尽量不要去排斥自己的执念。

如果心中有这样的执念，不要一直希望能够忘记，而是尽可能让自己顺着去思考，引导自己慢慢走出来。这样也不会引发"受挫-逆反"机制。让自己更加容易放下执念。你会发现，当自己不去排斥，接受自己放不下的事实时，反而会让自己真正放下。

# 干掉偷懒
## ——合作过程中如何减少推诿带来的矛盾

合作是常见的群体行为。蚂蚁通过合作，构筑蚁巢并且维持群体的存活；植物通过合作固土保水，组成稳定的生态系统；人类通过合作完成一个又一个建筑奇迹。

大卫·德斯迪诺（David De Steno）在《信任的假象》中写道，从进化的角度看，我们之所以会信任别人，与别人展开合作，很大一个原因是因为我们不够强大，必须假借外界的力量，达到各自的目标。

当然，大卫·德斯迪诺的解释方向相对偏现实和功利，他并没有很好地发现，生活中也存在非常多的利他型合作。不过，总体来说，社会高度发展的今天，我们因为自身能力问题，对外界的依赖也越来越大。单个个体发展能够到达的高度限制也越来越大。

合作能够让专业的人完成专业的事情，进而提高整个社会的运行效率。但是，与别人合作也存在很多的问题。最大的问题就是可能存在"**社会惰化**"的现象。

法国的一个工程师林格曼（Ringelman）做了一个实验。他要求被试者分别在单独的与不同规模的群体等情境下来拉绳子，同时用电瓶秤来测量他们的拉力。

结果发现，随着群体规模的增大，每个被试者平均使出的拉力呈下降状态。个人拉绳子时平均出力 63 公斤；3 个人的群体拉时，每个人平均出力是 53.5 公斤；而 8 人群体时，平均拉力不到个人拉时的一半，平均拉力只有 31 公斤。

而心理学家斯密斯（H. Smith）在 1976 年的一个研究中发现，前苏联集体农民们每天要农作的耕地不固定，他们对任何一块土地都没有直接的责任。但是农民被允许有一块很小的私人耕地，而这块占全部耕地 1% 的私人耕地的产出却占前苏联农场产出的 27%。

也就是说，当人们处于一个集体中，并且感受不到对这个群体的责任时，人们的积极性会下降，并且产生怠惰心理，并没有尽力去完成自己的任务。再差一点的情况就是工作任务互相推诿，最后拖到那个老实人去做。

那么，当我们需要别人的合作并且希望别人能够尽心些，我们该如何做比较好呢？行之有效的办法就是明确工作责任，减少责任的寻租空间。当我们在进行任务分工的时候，需要确认每个人分配到的任务，避免交叉和重复。

心理学家威廉姆斯（Williams）等人发现，**可以通过"个体产出可识别化"的方式减少社会惰化现象**。他通过对大学游泳队的队内接力赛的观察发现，当有人监控大家并且单独报出每个人所用的时间时，那么整体游泳的速度会随之提高。

当人们觉得自己的付出和收益情况会被识别到时，他们想要搭"群体便车"时，就会多一层顾虑——社会评价。我以前的领导在催进度时，经常会留言"已经有三分之二的人提交了报告，希望未提交的成员尽快提交"，未提交报告的成员因担心自己成为拖后腿的人，会尽快提交。

**减少"社会惰化"的另一个办法则是，增加群体的凝聚力**。很多管理研究者强调建设企业文化对效率的重要性，因为当人们感受到良好的企业文化并且认同时，人们就会提高自己的积极性。

尤其是合作对象是自己熟悉和喜欢的人时，群体合作的效率更可能超过个体总和，比如说以色列的集体农场的总产量就比个体农场的产量高。

如果想要跟别人更好地合作，提高合作效率，避免带来矛盾，我们就需要建设良好的内部关系，并且尽可能明确每个人的责任。这样也可以大大减少工作和学习过程中的推诿和矛盾。

# 看得见的影响
## ——如何减少我们的负面情绪

解决一个问题最重要的是找到源头,就像头疼的诱因有很多,疲惫感的诱因也是如此,无一通法而解全之。所以,如果想要减少负面情绪对我们的干扰,我们就需要先找到让我们沉浸于负面情绪中的影响因素。

### 1. 完美主义

**在经济学上,追求极致的代价,可能最后的 1% 所需要的成本会是前面 99% 的总和。也就是追求极致的代价是极致成本。**

换句话说,生产一件产品别人在性能上追求 99%,而如果我们追求 100%,那么,我们需要付出的代价是在这 1% 上投入数十倍甚至百倍的代价。显然,这非常不划算。

同样,个人的行为模式也有这样的情况,完美主义会降低我们的"时间贴现率",付出极为高企的成本。我们不得不花更多的时间和精力去改善,陷入一种"追求-不满足"的循环之中,在低效率和长时间的高压中产生疲惫感。

### 2. 生理性疲劳

我们的身体温度在一天是周期性变化的,同样,我们的心理能量也是如此,会像海洋潮汐一般时高时低,我们称其为心潮。也就是说,我们对抗疲劳的能量是非常有限的，且是不断变化的。

如果我们还不好好睡觉，不好好锻炼，那么我们身体的抑制性递质因子和一些毒素不能及时得到排出，会越来越多，从而降低我们的生理应激，让我们产生生理疲劳。（当然，这里的生理疲劳还包括生病和女孩来"大姨妈"。）

### 3. 竞争性压力

前面也说到过，人类的成长史就是资源分配史，一个人的成长也一直伴随着资源的获取和失去，我们需要的资源包括社交认可资源、注意力资源、物质资源、安全资源等。但是，资源的获取也会带来压力，毕竟资源的获取不是简单的事情。

资源获取有它自身的交换体系，我们想要获得一种就必须拿另一些来交换。想要获得更多的社交资源就必须花更多的精力去维护，想要获得物质就必须更加努力。当我们感知到"付出-收获"不对等的时候，我们就会容易感受到疲惫感和失落。

### 4. 错误归因

我们都知道，面对同样的事情，大家的反应情绪是不一样的。这是因为我们对事物构建的意识不同。心理学上有一个情绪 ABC 理论。一群人面对同样的事情时，因为过去的经验和所受教育的不同，对这件事情会产生不同的认知信念，进而产生不同的情绪和行为。

我们当中的大多数人都会有或多或少的非理性概念，比如希望每个人都喜欢，或者一个行为的失误就认为形象全毁了。但是这种绝对化思维带给我们的疲劳感是非常多的。

实际上，这跟前面所说的完美主义有所重合，都需要我们付出更多的精力去维护，让自己生活在小心翼翼之中。

讲完我们为什么会产生疲劳感的部分原因后，相信大家可以大致知道自己为什么产生负面情绪了。那么，怎样才能更好地减轻自己的疲劳感呢？

**1. 自我预防**

行为的决策属于自我博弈，而下棋最重要的是知道对方的下一步棋怎么走。同样，想要更好地战胜自己，最好的办法是自我预防，掐断自己完美主义的念头。实际上，这也是常用的自我心理调节的办法，我们称之为"再认知过程"。

比方说，有的人总是希望总结出一个高效的办法，从而陷入了对工作学习方法论的过度追求，导致低效。能够意识到自己的这点，那么就应该寻找一两个较好的办法去训练，停止对方法论的过度追求。否则时间和成本上也划不来，得不偿失。

还有，我们总是希望让所有人喜欢，但是我们与环境和他人又是非纯粹关系，也就是存在竞合关系。"让每个人都喜欢"——这种"绝对化认知"是几乎不可能实现的，自己也必须感知到这一点，对自己的非理性信念做思维预防，可以给自己尽可能多的正面暗示。

以前看过一个新闻，讲的是一个明星在拍戏过程中，遇到一个小学生晕倒的情况，她抱着孩子去了医院，结果很多人认为这个明星炒作。实际上，如果她不去抱，我想她微博的留言中一定会有"没爱心"的评论。

也就是说，即使你做的事情基本没有错误，还是会有人对你加以评论。所以，经常提醒自己没有完美的选择，让自己意识到自己的想法存在的不足并且接受它，可以减少其带来的焦虑。

## 2. 增加自我能动性

戏谑一点说，没有什么疲劳是睡一觉解决不了的，如果有那就睡两觉。我们在睡眠的时候，身体会进行毒素废弃物等的分解和排出，以及身体机能的恢复。大脑会分解 β-淀粉样蛋白等，工作一天的器官组织得到休息而恢复。睡觉对疲劳的缓解是非常有效的。

睡觉的时候，身体也会分泌一定的皮质醇，而皮质醇有消炎的功能，能够恢复身体的一些受损的组织。而且，睡眠产生的皮质醇水平属于较为正常的水平，也能够提高身体免疫水平，让身体得到更好的恢复。

除了睡觉，还有锻炼。我们的身体存在兴奋类递质和抑制类递质，两者的关系是"你多我少"的关系。而锻炼的好处之一就是增加自己的兴奋类和恢复机能类的递质，从而让自己不会因为过多的抑制导致疲劳。

锻炼和睡觉能够降低生理性疲劳，也就是说，一般女孩子身体好的时候，可以极大地减少痛经。

## 3. 提高个人能力

我们有时候的无奈和疲惫，是因为能力有限但想得到的太多，也就是资源获取受阻大。我们除了降低自己对资源获取的预期之外，更需要做的是提高自己的能力。

提升自己是解决问题的第一法则。因为当自己的能力足够强时，就不会对每件事都焦头烂额。就像原始人在捕猎时，当自己足够强时，遇到危险就能够在一定程度上克服，生存也会更加轻松。

我自己以前玩竞技游戏（竞争）时，一开始想升级（荣誉资源），但是总是失败（受挫），后来自己的竞技能力碾压全场（能力提升），就很少有一种无奈和心理疲惫感了（结果）。反而别人会因为你的存在产生更多的竞争性压力，带来无助感。

社会是残酷的，无时无刻不在比较和竞争，如果说不能够很好地提升自己的能力，那么被淘汰在所难免。想要让自己活得轻松，反而需要我们在之前付出更多的努力。

### 4. 避免负面的自我强化

我们会因为快乐而手舞足蹈，也会因为手舞足蹈而感到快乐。因为情绪是会影响行为的，而行为也是会影响情绪的。如果我们因为感受到疲惫，从而让自己陷入负面情绪，那么我们往往就会陷入一种疲惫和无助感的自我强化，让自己的疲劳感加剧。

所以，当自己疲劳的时候，最好不要一个人沉浸其中，而是要多与人沟通和交流。如果想要让自己一个人静一静，也不要过多地去排斥他人，因为越排斥越容易深陷其中。

### 5. 避免过激情绪

我们经常会说："段子手把快乐给了我们，伤心留给了自己。"这句话有一定的理论基础——心理摆。当外界因素对人们的心理产生刺激时，人的心理状态便会呈现出多层次或两极分化的特点，也就是钟摆式的两极摇晃。

我们会在好友聚会后回家或者游戏下线后感到更多的失落也有这个原因，说的再明显点就是乐极生悲。所以，不要让自己产生过激的情绪也是减少失落和疲惫感的办法之一。

# 面具的背后
## ——怎样才能大致了解一个人

我们的一生会遇到千千万万的人，我们没办法保证每个人都是好人，但是我们能够用自己的经验和知识远离那些让自己难过和煎熬的人，减少他们对我们的伤害。

以前朋友开玩笑说，想要看清楚一个女孩，就带女孩子去游泳。这样一下子就能知道这个女孩的真实身材，也可以看到她素颜的样子。同样，想要认识一个人，最好是在他卸下所有"伪装"的时候。

那么，一个人会在什么时候卸下保护自己的面具和盔甲呢？

**1. 他对家人的态度**

任何人都是如此，在进化中，就像害怕黑夜一般，对待未知和陌生也有更多的敬畏。家人给了我们确定性和安全感，我们知道我们对他们的愤怒不会给我们带来很大的伤害。

而陌生人带给我们的是未知，我们不知道我们对他们的不尊重会给自己带来多大的伤害，所以会多些尊重。

如果一个人能够在家人面前依然保持很多的尊重感，没有很强的控制欲望，不会不自觉地暴躁，那么这个人的人品是基本过关的。这是很重要的，因为你以后也可能成为他的家人，现在他对待家人的态度，往往就是对待你的态度。

### 2. 他关系最近的五个好友

人类交友的目的有两个——互悦和互利。一个人最接近的五个好朋友的人格加权往往就是这个人人格的大致反映。尤其是在学生时代的交友，因为那个时候交友的目的更为纯粹，互悦的成分更多。

两个人能够成为好友的前提之一是心理互容，也就是有较多的认知重合之处。一两个好友也许不能很客观地反映一个人，但是五个好友的加权，反映出来的人格偏差也不会太大。

### 3. 他是如何处理矛盾的

黑格尔说过，矛盾无处不在，矛盾也是事物发展的根源。我们每天都有非常多的矛盾，矛盾有和他人的，也有和自己的。一个人处理矛盾的能力有多强，能够到达的高度就可以有多高。

想要知道一个人为人如何，更好的角度是看他如何处理矛盾。当他自己与自己矛盾的时候，能否清楚地意识到自己的不足。当自己与他人有矛盾的时候，是否有给自己和他人留下退路。

能够处理好自己与自己矛盾的人，有着较高的自我认知，因为他能够知道自己的不足。能够处理好自己与他人矛盾的人，拥有更强的共情能力，更懂得尊重和谦让。

### 4. 他愤怒时的行为

阳光背后一定会有阴影，再繁华的城市也有脏乱的角落，再好的人也会有愤怒的时候。一个人愤怒的时候往往会失去自我，带有更多的破坏性。

我们不能因为一两次的愤怒而否定一个人，但是我们可以从观察他愤怒带来的破坏性来了解他到底能够有多坏，尤其是对待身份地位不及自己的人表示不满的时候。**如果他在暴怒的时候仍然能够很节制地宣泄，那么这样的人，他必定有着很强大的内心和独立人格。**

### 5. 观察他的精力分配

观察细节谁都知道，谁也会说，但是很少有人告诉你怎么观察，什么时候观察最有效。想知道一个人到底是上进还是放纵，最简单的方法就是观察一个人的精力分配。

就拿朋友圈来举例，一个人的朋友圈如果都是各种吃喝晒或者明星八卦，这个人肯定很会玩也很会卖弄；一个人如果经常刷屏，大多是不太懂共情，也不太懂为他人着想的人；一个人很少发朋友圈，可能是因为这个人有处理不完的事情，也可能是因为他不需要太多别人的点赞，生活可能更加独立。

很久以前，韩国有一个较为不严格的数据研究，发现每天花两个小时在韩剧上的人更多的是低收入群体，我也相信，除了工作互动的需要，一个人如果每天能够有两个小时的时间花在不停地刷微博上，那么他的时间也应该非常不值钱。从静态来看，他的时间成本也非常低，能够创造的价值也不高。

总之，不要因为距离而忽略了事实，从而美化或者丑化对方。没有完美的事物，人也如此，如果你一定要找，那么其存在的不足肯定能找得到。如果一个人的"装"是一辈子的，那也是受到教化的好习惯。

**古语有云：**"**论行不论心，论心无好人。**"他开心我们开心就可以了，我们没权利也不应去指责人家。

但愿，我们都能遇到对的人。

# 第五章 情绪的对抗
## ——积极情绪 vs 消极情绪

积极的情绪不仅能够提高我们的工作效率，也有助于提高我们的免疫力。并且，积极情绪还能够扩宽我们的视野，让我们更具创造力。而当我们沉浸于负面情绪之中时，我们的生理和心理都会受到一定程度的损害。所以，尽可能地保持良好的情绪对我们的健康和能力都有重要意义。可是，我们为什么总是陷入深深的负面情绪之中呢？如何才能让我们保持长时间的好心情呢？

# 过不去的坎
## ——我们为什么会沉浸于负面情绪中（一）

我们小时候是不是经常遇到这种情况，当自己玩游戏玩到一半或专注地学习学到一半时，妈妈叫我们吃饭了，我们总是会回答，"等一下，我弄完这部分就来"。为什么会出现这种情况呢？

这是因为，人天生就有一种办事有始有终的驱动力，我们在入住酒店时，总是能够清楚地记住自己的门牌号，但是一旦退了房很快就会忘记，这实际上是因为我们的完成动机已经得到满足，而**如果一件事情没有一个结尾，那么我们就会对其耿耿于怀。**

这种效应虽然能够让我们做事有始有终，但它也会让我们陷入负面情绪之中。在施瓦兹（Jeffrey M. Schwartz）的著作《脑锁：如何摆脱强迫症》一书中有提到。

当我们觉得"事情还没完"时，大脑的"眼窝前额皮质"就会被外界不安全的信息激发得兴奋起来，从而向位于皮质最深部位的"扣带回"发出信号。扣带回触发了可怕的焦虑后，将信息上传给中枢指挥系统"类扁桃体结构"进行评估后，向身体发出信号，进而提高皮质醇含量，让我们感觉到不安，并做出相应的反应。

位于大脑中心底层的"尾状核"是我们动力的源泉，属于多巴胺系统的一部分。在正常情况下，当我们觉得一件事情结束了时，神经细胞兴奋的传递会慢慢停止"动力"供应，由兴奋回归平静。

而强迫情绪的发生，实际上是"尾状核"在制动上失灵，即使事情已经结束，但"眼窝前额皮质"和"扣带回"却不会自动地回归平静，始终被锁在兴奋状态，令恐惧的传递回路始终处于接通的状态，不断地向"杏仁体结构"区域上传着"进行中"的信息，中枢指挥系统就会不断提醒你考虑各种危险，从而表现出强迫情绪的症状。

而当我们处于这种"某事还在进行中"的状态时，我们奖励中枢的重要组成尾状核会被"占用"，大脑也会出现"脑锁住"现象。这个时候分泌5-羟色胺、多巴胺等激素的功能无法正常进行。就会产生各种负面情绪——焦虑、尴尬和失落。

这种现象在生物进化上有其积极意义。它会促使我们去检查自己做过的事情，及时查漏补缺，减少潜在风险，并且能够从中吸取经验，比如出行的小白兔时不时回头看有没有大灰狼跟踪，草原里的山羊不停左顾右盼看是否有狮子。

但是随着社会压力越来越大，我们所需要考虑的事情也越来越多，我们的这一功能的工作强度也在增加，就更容易发生"制动失灵"的现象，对一件事情不断重复检查是否已经结束。

而当我们在面对让我们焦虑和失落的事情时，这种"脑锁住"的现象会更为明显。那么，怎样才能走出负面情绪的"脑锁住"呢？

新南维尔士大学心理学院的博士艾丽西亚·威廉姆斯（Alishia Williams）和米歇尔·莫尔兹（Michelle Moulds）进行了这样一个实验。

他们让77名参与者回想在过去一周内，自动出现在脑海中的一些不愉快的事件或情境的记忆，然后将所有参与者随机分到两个组。他们让一组被试者去更多思考这些负面事件，如仔细想想这件事发生的原因，以及对自己的影响；让另一组被试者去做一些分心的任务。

结果发现，比起做分心任务的一组，被分到思考这些负面事件的被试者更为消极地评价这些负面事件，而且带有更多的负面情绪和不满。

换句话说，如果想要让自己尽快走出负面情绪，最好的办法是让自己忙碌起来。当我们忙碌起来时，我们对这些负面事件的脑洞就会暂时停下来。

当自己感受到太多的负面情绪时，我们可以通过跑步、工作或者旅游来分散自己的注意力，减少自己的不愉快。而随着时间的推移，当这些负面事件的记忆在大脑中被抑制住时，它们对我们的影响就不那么大了。

# 过不去的坎
## ——我们为什么会沉浸于负面情绪中（二）

前面大致从大脑神经层面分析了负面情绪产生的原因。而社会因素对我们负面情绪的产生又有哪些影响呢？

## 争取更多注意力

我们每个人都渴望得到别人的注意。即使当我们还是孩子的时候，我们在母亲怀里的时候，看得最多的也是母亲的眼睛，那会让我们感觉到爱意。而一旦我们觉得母亲不再看我们，我们也会通过哇哇大哭的方式来吸引她。这也是我们表现欲的早期表现。

而长大些以后，我们仍然会通过各种自我表现的方式来吸引更多的注意力。这也是我们的原始本能，就像能够吸引到父母的注意力的雏鸟更可能得到食物（照顾）一样，我们也能以此获得想要的资源。

比如，有的人在争吵时会提高音量，有的人则表现出柔弱和失落。而关于后者，有人更是生动地总结出了这么一句话："小时候摔跤，总要看看周围有没有人，有就哭，没有就爬起来。"

在别人面前表现出失落，很大一个原因是因为我们需要得到别人的注意，我们希望得到关怀。所以，我们也会在朋友圈里面看到"我失恋了"这样的字眼。它的潜台词是："我好惨啊，快来安慰我吧。"所以，从这个层面上看，**一些负面情绪的表达能够为我们争取更多的注意力和资源。**

## 平均值的回归

而从另一个层面上看，**负面情绪的产生是平均值的回归。**认知学家丁峻在其著作《思维进化论》一书中，提到了"心潮"这个概念，认为我们的情绪也存在像潮水一样的潮起潮落的现象，有高峰有低谷。

而关于情绪的研究也有一个心理斜坡理论。当外界因素对我们的心理产生刺激时，我们的心理状态便会呈现出多层次或两极分化的特点，也就是钟摆式的两极摇晃。有些时候，我们在参加完聚会回家时会感到失落也有这个原因。

我们也经常说"乐极生悲"，其本质是，过度的正面情绪增加了我们"心理摆"摆动的幅度，让我们在回归平均值时，产生了较大的情感落差，这个时候很容易产生负面情绪。所以，如果想要减少这种负面情绪的发生，就不要毫无节制地寻求刺激和愉悦感。

除了以上两个原因，我们之所以会产生负面情绪并且愿意沉浸其中的另一个原因，则是享乐逆转。麻辣并不是一种味觉，而是一种痛觉。但是很多人却很享受这种低程度的灼伤感。

宾夕法尼亚大学的心理学家保罗·罗津（Paul Rozin）对此提出了"享乐逆转"理论。认为人可以通过可接受程度的受虐得到快感，比如一些人很喜欢蹦极跳伞运动。所以，也有一些人喜欢沉浸于负面情绪中。不过这种一般较为可控。

# 与内心谈判
## ——接纳自己的不完美

如果我们做错事了，别人可能会责怪我们。很多时候，我们自己也会责怪自己。责怪自己不够好，责怪自己不够聪明。尤其是当我们对自己要求非常苛刻，而自己当时还达不到时，我们的自责尤为严重。而这种苛刻会损害正面的自我评价。

实际上，自责对我们的负面作用不止于此。它对我们的自控力也有非常大的影响。

美国纽约州立大学和匹兹堡大学的心理学家曾经开展过一项关于"自我批评"与自控力关系的研究。他们寻找了144名不同年龄段的饮酒者。研究者给被试者每个人配置了一台电脑，让他们每天早上记录自己的饮酒情况。汇报在此前一天他们饮酒后的感受。

研究发现，他们对自己饮酒的描述基本是头疼、恶心和疲倦。但是他们的痛苦不仅源于过度饮酒。部分人还会感到罪恶感和深深的自责。

而当被试者因为前一晚过度饮酒而产生自责时，他们更可能在当天晚上和以后喝更多的酒。而在另一个实验中，他们发现，那些能够与自己达成自我谅解的人，在自我行为控制上也表现得更好。

我们经常用自责来表达对自己的不满，这个时候我们就会产生压力，而压力会大量消耗我们的能量，进而让自己失控。而如果想要走出这种负面情绪的循环，我们需要做的是自我接纳——能够接受自己好的一面，也能接受自己不足的一面。

**传统看法是自责能够让自己发现不足，并让自己减少再犯的风险。但是研究表明，实际情况与我们的直觉相悖，增加一个人的责任感的不是罪恶感，而更多的是自我接纳。**

在个人挫折面前，持自我接纳态度的人比持自我批评态度的人更愿意承担责任。他们也更愿意接受别人的反馈和建议，并更可能从这种经历中学到东西。

自我接纳是对自我能力的准确评估。就像我们知道自己不可能攀登珠穆朗玛峰一样，我们不会自责自己的无能为力，而是告诉自己"我还可以爬别的山"。

我们能够看到自己的能力有限，但是也能够看到与自己能力匹配的环境。能够准确评估自己的能力与环境的关系，能很大程度上避免负面情绪的产生。

自我接纳是一种成长心态，更能坦然接受失落。斯坦福大学心理学家卡罗·德威克（Carol Dweck）在研究人们面对失败产生的态度时，发现了两种不同的心态——固定心态和成长心态。

抱有固定心态的人，他们对错误容忍度非常低。他们会将每一次表现看作是定论性判断，决定了他的个人形象。一旦遇到失败，他们就会陷入深深的不满，给自己制造很多不必要的压力。

而抱有成长心态的人对自己失败的容忍度比较高，能够看到当前自己的不足，即使失败了，也会接受自己，相信自己的能力会随时间而提升。他们相信自己的能力可以通过努力来提高。

所以，如果不想让自己深陷负面情绪和自责中，想让自己成长得更快一些，我们就需要接受经常性的失败。不能因为失败了就觉得自己没有了形象，甚至得出自己注定是失败者这样的结论。

相反，我们应该接受自己的不足。

再强调一次：**如果想要让自己更美好，接纳自己是第一步。**

# 被低估的影响
## ——心理暗示的力量

人们为了追求成功和逃避痛苦，会不自觉地使用各种自我暗示。

比如困难临头时，人们会安慰自己"快过去了，快过去了"，从而减少忍耐的痛苦。也有人开玩笑说，灾难来临的时候每个人都是有神论者，因为他们心里都在默念"上帝保佑"。

**人们在追求成功时，也会经常想象成功之后的美好场景。这个场景的创造，也对人构成自我暗示，它为我们提供动力，提高挫折耐受能力，保持积极向上的精神状态。**

很多心理学研究也证明了心理暗示对我们的影响。那么，我们该如何利用它让我们保持较好的心情呢？

心理暗示分为正面心理暗示和负面心理暗示。我们在使用过程中，应该尽量避开负面的心理暗示，适当给自己正面的心理暗示。

比如，有人第一次上台演讲，然后一直在心里默念"不要紧张，不要紧张"，这种暗示看似正面，实际上也属于负面的暗示，它本质上在强调我们的不足。而如果想要给自己正面的暗示，则要更多地强调正面的词汇，如"我很淡定"。

当然，暗示也分为自我暗示和他人暗示。我们的行为很容易受到别人举止的影响。脑成像实验发现，当我们经历某种情绪或者看到别人的情绪的时候，我们脑中的镜像神经元会被激活。

换句话说，在某种情绪环境下，观察者和被观察者会经历同样的神经生理反应。而镜像神经元是我们学习行为的基础之一，会让我们不自觉地模仿。

这也是为什么有人强调我们要远离负能量的人，因为他们的情绪和行为会给我们带来负面的心理暗示，增加我们的负面情绪。同样，接近那些乐观向上的人，我们也能够感受到他人的好心情，从而获得积极心理暗示。

总之，人非常容易受到外界的各种信息的影响。**心理暗示是一种强有力的心理调节技巧，能够短期内改变一个人的生活态度和心理预期，增加个人的心理承受能力。善用这个小技巧，就可以在一定程度上减少我们生活中的部分焦虑和不开心。**

# 资源的矛盾
## ——如何减少竞争产生的焦虑感

弗洛伊德认为,"人的一切痛苦,本质上都是对自己无能的愤怒"。虽然这句话不能全面解释我们的负面情绪的来源,但是,当困难来临时,"无能为力"确实会让我们感到失落。

我们很多时候的失落和心累,是因为面对想要争取的东西时,发现能力很有限。当自己辛苦几个月备战的作品在初赛就被刷下,又或者是看到喜欢的东西却得不到时,我们都会感到失落。

时代在变,社会也不再那么野蛮,但是资源的有限性决定本质上的一些规则基本还是那些规则——物竞天择,适者生存。我们依然处于一个充满竞争和比较的社会。而竞争和比较都会让我们感到压力。

可能有人觉得自己不需要竞争也能活得很好。可是,即使我们对物质要求非常低,不想过多地参与残酷的社会竞争,但是我们也需要工作才能争取到自己所需要的基本生活资源。

相反,大多数情况下,如果想要让自己活得很轻松,反而需要付出更多的努力。而努力就需要付出,付出却不一定会带来回报,我们也可能因此而陷入焦虑之中。那么,我们该如何减少这样的社会压力呢?

心理学家朱克曼（Zuckerman）和约斯特（Jost）经实验证明，我们会更觉得，自己朋友的成功比陌生人的成功更有威胁。

可能很多人都有这样的疑惑：当自己身边的朋友表现得比自己好的时候，我们或多或少会有些嫉妒。而当表现得好的人不是我们身边的那些人时，我们更多地会表现为无感或者羡慕。

为什么会出现这种现象呢？实际上，这就是进化的另一种遗留问题。与我们生活在同一个群落里的人，如果比我们更强大，那么他们会在群体中占用更多的资源，让我们感到被剥夺，也让我们产生威胁感。所以，大多数时候，我们都不喜欢离自己最近的那群比自己优秀的人。

但是，要想让自己进步得更多，就要让自己从心态上接纳那些比我们优秀的人。因为目光长远和不被这种"进化遗留"影响的人更明白，自己的竞争对手是更远方的人。一个群体的进步会让自己进步得更多。而如果总是把目光放在身边的人身上，那么进步空间就会小很多。

朋辈之间的竞争是我们最大的压力来源之一，但是过强的竞争意识只会让自己产生更多的压力，甚至会让自己感到痛苦。

当自己心中出现了对自己身边优秀者的嫉妒时，一定要提醒自己，那只是进化的遗留，他们的优秀已经不再像原始社会那般，基本不会影响到我们的生存，反而可以激励自己，让自己变得更优秀。

## 第三部分

# 反本能之社会洞见

——看到看不见的,说清想说的

我们每天都要面临很多的决策，但是我们的精力有限，不可能管控自己的每一个决策。而当我们面临较为重要的决策时，我们则需要打起十二分精神，尤其是在面对一些存在明显诱导性的情况时，我们更要多加防范。

我们生活在一个信息爆炸的时代，但同时，这个时代的知识增长却慢得多，以至于我们的有效学习的筛选成本增加。随着信息的冗余度增加，我们深度思考的负担也越来越重。

我们当中的一些人，甚至因为长期接触别人完全推理后的知识而缺乏思考的练习，导致辨别能力下降，只会进行泛泛的阅读。在感觉上觉得自己好像了解这方面的知识，但是当需要我们将其整理成文字或者用语言发表出来的时候，却发现自己无从下手。

久而久之，我们会丧失我们将知识加以延伸和推理的能力。就像长大了的孩子一直吃着不用咀嚼的食物一样，会造成牙齿的退化，不利于他未来的成长和独立。

前段时间，有一个大学生专业满意度的调查报告，发现超过一半的大学生对自己的专业不是很满意。一些高中生在进入大学之前，因为不够了解大学的专业，可能听了别人的建议选了一个专业，但是当自己进入学习阶段时，发现这个专业貌似不是自己喜欢的。

而在我们的生活中，也有一些人通过各种营销方式，让我们买了很多不需要的东西。更尴尬的是，当自己回忆其为什么会买的时候，发现竟然找不到理由，只知道当时糊里糊涂地觉得对方好有道理而已。

那么，怎样才能让自己在重大决策上少受别人的干扰，并减少失误呢？

# 第一章　外部干扰
## ——有哪些常见的决策陷阱

在这个产能过剩的社会，无数商家都在鼓吹"自己开心就好"，挤破脑袋地希望我们多花点钱买我们根本不需要的商品。在这个信息超载的时代，我们所面临的选择也越来越多，里面也可能充满陷阱。那么，干扰我们思维和决策的因素都有哪些呢？

## 控制感的陷阱
### ——过度乐观的人更容易"入套"

拥有控制感，对我们的好处非常多。它除了能增加我们的幸福感，减少我们的攻击性，还能提升我们的自我效能感。

如果一件事情能让我们有控制感，我们会更愿意为之投入精力和金钱。但是，它在另一方面却也成为一些营销方式的重要手段。如果我们不能够很好地规避，我们也会深陷其中。

心理学家瓦特（Watt）和华生（Watson）等人做过一个实验：观察被试者在不同条件下，购买刮刮乐的消费金额多少。结果发现：如果是用机器摇骰子选出来的"刮刮乐"，人们愿意为这个刮刮乐支付2美元；而当人们自己摇骰子选择时，人们平均愿意多花7美元再买几张。

之所以会出现这种情况，是因为我们认为自己投掷骰子时更可能中奖。但实际上，中奖概率依然是随机的。但是，**控制感能够增加我们的自我效能，让我们获得更多的自信。**

而现实生活中，很多广告和场所正是利用我们的控制感，让我们产生"无缘无故"的自信，让自己深陷其中。比如一些赌博场所，为了让我们玩得更久，往往是让我们自己操作，同时会在赌博场所放置非常多的接近裸身的模特照片，将场所布置得异常华丽。这些都能够增加我们的控制感。

如果仔细观察，你就会发现，很多电视剧都喜欢在令人惊悚的片段打住，插播豪车和名表的广告。有的人觉得，这样不是会让别人产生厌恶关联吗？人们会因为不喜欢惊悚的片段而不喜欢那些广告吧？

这是因为，当我们观看令人惊悚的片段之后，突然打住会让我们松一口气，产生"心理势差"，而插播这些豪车和名表的广告会让我们觉得是这些豪车和名表让我们缓解了这些焦虑，进而更喜欢这些豪车和名表。

控制感能够带给我们喜悦。我们很喜欢玩游戏的原因之一，也正是因为那些游戏让我们更有控制感。比起复杂多变的现实世界，网络游戏显得简单得多。只要轻轻按几下键盘或者鼠标，就能够发出大招，想让游戏人物怎么做就怎么做。

控制感能够带给我们更多的信心，能够促进我们的进步，但是它也容易让我们做出错误的决定。当感觉周围环境都在控制之中时，我们产生过多的信心会让我们松懈，这个时候我们更容易被说服，更容易大意。这时，我们也更容易犯错。

所以，**当我们感觉"一切都在掌握之中"时，那我们就要注意是不是有人在对我们玩弄"控制感陷阱"。**

# 呈现的画面
## ——为什么我们总被故事说服

我看过一篇旅游应用的广告，里面有一段话：

> 你写PPT时，阿拉斯加的鳕鱼正跃出水面；你看报表时，梅里雪山的金丝猴刚好爬上树尖；你挤进地铁时，西藏的山鹰一直盘旋云端；你在会议中吵架时，尼泊尔的背包客一起端起酒杯坐在火堆旁。有一些穿高跟鞋走不到的路，有一些喷着香水闻不到的空气，有一些在写字楼里永远遇不见的人。

这段广告词并没有直接告诉我们，旅游能够扩宽我们的视野，让我们的生活更有趣，而是通过各种形象化的方式，将各个地方的美景鲜活地呈现在我们面前。让我们感觉到很强烈的视觉冲击。

那么，这么做到底能不能更好地达到说服我们的目的呢？答案是，至少比单纯的文字描述更有用。

哈佛认知神经科学家斯蒂芬·柯斯林（Stephen Kosslyn）曾经做过一项脑成像实验，观察阅读者闭上眼睛后脑海里想象不同字母时大脑激活区域的变化。

他们发现，当想象大写字母时，脑补视觉皮质区域的某些部分被激活了，当想象小写字母时，被激活的则是视觉皮质区域中的某一部分。也就是说，即使是文字的回忆，也会激活我们的视觉皮质系统。

文字的本质对大脑来说，很大程度上还是属于图像类型，只不过它们还需要进行转化，比如大脑前额皮质来参与理解它们。

比起发展了几千年的大脑文字阅读系统，人类大脑的视觉感受系统发展了更长的时间，其适应性也更高一些。即使是文字的出现，也是从可视化的图像和象形文字开始，而不是极为抽象化的文字。

所以，人们更喜欢可视化的文字，这可以大大加深我们的理解能力，对我们的决策也有极大的影响。

能够直接可视化的描述则能让我们理解得更轻松一些。如果我们能够让我们的观点像"一幅画出现在眼前"，那么，我们也更容易说服对方。

这种现象也可以解释为什么《苏菲的世界》的销量远远超过了拿到了诺贝尔奖的《西方哲学史》。毕竟，比起干瘪枯燥但是能真实反映问题的理论，人们就是喜欢那些能够像日常生活里的画面一样，能够呈现在眼前的描述。

心理学家做过这么一个实验。他们召集了两组病人作为被试者，告诉他们某种新型的癌症诊疗手段。告诉第一组人：这种治疗手段治愈率为90%，并且说了一个负面的传闻逸事（比如老王用了这个方法后死了）。然后他们告诉第二组人：这种治疗手段治愈率为30%，并且说了一个正面的传闻逸事（比如老王用了这个方法后治好了）。

结果发现：被告诉"治愈率90%的方法"的那一组，有39%表示会尝试这种方法；而被告诉"治愈率只有30%的方法"的另一组，却有多达78%的人愿意尝试这种方法。也就是说，**人们更加容易受到"传闻逸事"的影响，而不是"数据"的影响。**

很多广告也是用这种方式来说服我们的。如果我告诉你有一个理财产品年收益 -70%，也就是投入 100 元损失 70 元，你会购买吗？我想不会，但是我们却还是会去买彩票。

而彩票其实也是属于年收益 -70% 的理财产品。他们的宣传策略就是告诉大家"隔壁老王中了 500 万"，这可就生动多了，进而达到营销的目的。

除此之外，很多广告词也是通过这种方式来影响我们的。他不是简单地告诉我们"很多人在用我们的产品"，而是告诉我们"连起来可绕地球三圈"；他不是告诉我们"我们的牛奶纯天然"，而是说"奶牛在蒙古大草原每天晒超过 10 个小时的太阳"。

当自己在网上比较了好几十项，得出了某品牌的手机更好用的结论时，你的朋友告诉你"前两天我用这个品牌的手机，修理了好几次"，这时，我们最容易受到可视化效应的干扰。

但是，**请相信数据和参数的比较**。可视化能够让我们更好地理解事物，但是，如果我们要做一个重要的决策，我们还是需要依赖数据和理论模型。

# 决策在瘫痪
## ——选择多，不一定是好事

曾经有个朋友跟我抱怨，为什么他找不到女朋友。我的回答是"选择太多"。互联网时代让我们有机会接触到更大的世界和更多的人，同时也给了我们过载的信息。当我们面临更多的选择时，我们往往更可能处于观望之中，从而错过了机会。

心理学家希娜（Sheena Lyengar）曾经做过一个现场实验。他们给被试者免费品尝了6种或24种果酱，试吃之后人们可以选择是否进行购买。结果发现：有60%的人停留在24种果酱选择的展台前，但是只有3%的人选择购买；而有40%的人停留在6种果酱选择的展台前，但是有30%的人选择购买。

随后，在更为严谨的实验中发现，在从30种果酱中做出选择后，人们表示，其选择满意度比那些从6种选择中做出的选择满意度更低。也就是说，更多的选择会带来过载的信息，也会带来更多反悔的机会。

在之后的一些其他实验中，也证明了人们对于无法反悔的选择（比如最后三天的大甩卖）的满意度比可以反悔的选择的满意度更高。这也在一定程度上解释了，为什么这些年离婚率越来越高。国家调查数据显示，过去人们对无法反悔的婚姻表示了更高的满意度。而对当下恋爱和婚姻的满意度更低一些。

过载的信息不仅会让我们犹豫不决，产生更多的后悔，也会让我们做出错误的选择，这就好像期末考试的选择题出现四个选项和十个选项一样，当自己不十分确定时，则会增大我们的选择难度。

美国德克萨斯大学的研究人员针对过载信息对我们决策产生的影响做过一个实验。

在实验中，他们要求两组被试者完成相同的250道测试题，但是其中一组在测试之前被告知考试题目的数量和选项。而另一组则什么都不说。测试结束后，他们发现，没被告知任何信息的那一组成绩要明显优于第一组。

也就是说，我们的决策依赖信息，但并不代表信息越多越有利于我们做出正确的选择。过多的信息反而会成为决策的负担，从而让我们做出错误的选择。

那么，为什么会出现这种现象呢？

实际上，这是因为信息增加不代表有效信息增加，当信息量过载时，我们从中筛选出有效信息的成本就会增加。而且，我们需要的核心信息也更容易被超载的信息所遮蔽。许多没用的信息反而可能被我们作为决策依据，从而导致我们做出错误的决策。

所以，当我们面临大量的信息时，我们需要多次筛选信息，或者让多人同步筛选后进行比较整合。这样才能够最有效地剔除无用信息，甄别出最重要的信息，减少决策失误。

# 群体压力

## ——再独立的个体也会受到群体影响

群体压力是常见的决策干扰因素。没有人否认它的影响。可能有些人认为自己不怎么受群体压力的影响,但是群体压力的影响无处不在,基本没有人能够避免。甚至包括我们鼓掌时,从混乱到整齐划一本质上也是群体压力所致。

那么,群体压力的威力到底有多大呢?

心理学家所罗门·阿希(Solomon E. Asch)曾经做过一个关于群体压力的实验,他随机选择了一些大学生作为他的被试者,为了避免刻意化的干扰,阿希告诉被试者这个实验的目的是为了研究人的视觉情况。

而在之前,阿希会让五个实验人员假装是被试者坐在前五个位置,而真正的被试者只能坐在最后的位置。但是真正的被试者并不知道那些人是假的被试者。

阿希要大家做一个非常容易的判断——比较线段的长度。他拿出一张画有一条竖线的卡片,然后让大家比较这条线和另一张卡片上的3条线中的哪一条线等长。每名被试者要进行18次判断。

事实上,这些线条的长短差异很明显,正常人是很容易做出正确判断的。但是,在两次正确判断之后,5名被试者开始故意都说出同一个错误的回答,结果发现,被试者都出现了不同程度的从众行为。只有25%的被试者没有做出从众行为，其余被试者都做出了一到两次的从众行为。

这个实验证明，即使是很明显的答案，当大家都回答错误的答案时，我们还是会动摇自己的回答。我们会迫于压力放弃原来的想法，甚至做出违心的选择。

巴塞尔大学的瓦西里·克卢恰廖夫（Vasily Klucharev）和同事们通过对被试者加以刺激，让他们的行为与群体一致。实验者用fMRI（功能性磁共振成像）观察发现，当被试者发生从众行为时，他们大脑中的伏隔核与控制行为的后额叶皮层（posterior medial frontal cortex）被激活。

但当他们用一种名为经颅磁刺激（transcranial magnetic stimulation）技术，暂时阻断志愿者的大脑皮层时，实验对象则不再调整自身行为来服从群体行为。换言之，阻断大脑特定区域的活动，使实验对象暂时不受来自社会的影响，从而无法产生从众心理。

人们据此得出的结论是，**我们的潜意识认为，从众能够带来正反馈，有人认为这种反馈是归属感。因为从众能够给我们带来被群体认可的心理预期，进而激活我们的"愉悦回路"。**

除此之外，从众对我们来说也有很大的积极意义。这就像大草原里跑出了一只狮子一样，那些跟着羊群跑的羊更可能活下来，而那些继续吃草的羊或者落单的羊难免会被吃掉。那些不跟羊群跑的羊久而久之都会被淘汰，而剩下来的基本都会跟着羊群跑。

即使我们已经走过了残酷的原始社会，而这个社会也越来越需要我们进行独立思考，但是，我们身上还是存有非常多的从众倾向。那么，我们该如何减少从众心理对我们的影响呢？想要减少群体压力对我们的影响，我们要先知道什么情况下群体压力对我们的影响更大。

**影响从众的因素主要有群体的凝聚力、群体规模、个体独立性和情景模糊**

度。当群体的凝聚力很强时，我们对群体的信任就更多；当群体规模越大时，我们不顺从的压力就更大一些；当我们的独立性更强时，我们对压力的适应能力更强；而当情景越模糊时，我们越容易从众。

所以，如果想要减少这样的从众行为，我们就要从导致从众行为的要素去分析。要注意大家是否出奇地一致；也要腾出独处时间去思考，减少他人在场的干扰；还要尽可能弄清楚自己的决策环境，避免模糊性造成的从众。

# "白色的猴子"
## ——关注独特的事物让我们看不见更多

记得看过一篇报道,对话如下:

> 布什说:"我们准备干掉四百万伊拉克人和1个修单车的。"
>
> CNN 记者:"1 个修单车的?为什么要杀死一个修单车的?"
>
> 布什转身拍拍鲍威尔的肩膀:"看吧,我都说没有人会关心那四百万伊拉克人。"

这实际上就是利用了心理学上的**隧道效应——我们更关注同类记忆材料中突兀的那部分**。也有人称之为莱斯托夫效应。比如,我们在记忆世界地图时,记得最好的可能是意大利是一只靴子,法国是个六角形,俄罗斯面积最大等这些最有特点的国家。

这种效应会如何干扰我们的思维呢?

当我们在演讲的时候,我们看到台下的人都在认真听讲,肯定会非常高兴。但是,如果我们突然看到有一个人在打瞌睡,那么我们可能就会将所有的心思都放在那个打瞌睡的人身上,进而产生这样的疑惑:我讲得不好吗?

实际上,这更多的不是演讲得好不好的问题,只是我们忽视了 99% 的人,而将自己的注意力放在了最特别的那个人身上,从而产生了错觉。这也是很多人不敢上台演讲的原因，因为他们过多地将眼光放在了那些特例上面，给了自己太多的压力。

当然，我也曾经遇到过类似的情况。为了写一篇文章，自己查了几天的文献，终于完成并分享到网上。大多数评论都是支持和鼓励，有时也会突然出现一句"答主辛苦了，都是没有的理论"，还好自己知道"隧道视野"，所以也基本不会受这种不具有建设性的言论所影响。

也有一些为了吸引眼球的媒体用此来夸大事件，吸引我们的注意力。

比如说，出了一起交通事故。他们很喜欢贴上女司机这样的标签将这些事故特殊化，进而造成我们的感知错误。将事故和这些标签联系起来，对他们形成刻板印象。但是，也正因为他们这样的联系和特殊化，会让群众认为女司机的出车祸率更高、更普遍。

但实际上，男司机的交通事故发生率更高些。江苏省公安厅交警总队发布的 2016 年交通事故报告显示，2016 年全年江苏省共有 2100 多万机动车驾驶人，男女比例 7:3。在造成人员事故伤亡的事故中，女司机负有同等责任以上的，即属于女司机导致的事故的不到 10%。在造成人员死亡的事故中，女司机负有同等以上责任的，只占这类事故的 6.2%。

而在其他多个省份的交通情况调查报告也显示，女性司机的交通事故情况均远低于男性司机。

总之，**隧道效应会让我们产生更多的错误判断**。就像 100 只猴子中有 99 只普通的猴子，只有 1 只白色的猴子，我们会不自觉地将视野放在那只与众不同的白猴子身上，这样我们的思维也就会被大大地限制住，看不到全局。

所以，当我们在思考问题时，需要多加留意问题的限定，尤其是媒体报道的对象界定。这样才能够保证独立思考。

控制感能够增加我们的自我效能,让我们获得更多的自信。

# 第二章 自我设限
## ——我们有哪些思维盲区

前面我们讲了一些社会施加给我们的非常多的错误的思维方式，但是，有的时候不用社会"带节奏"，我们本身也很容易走进一些错误的思维方式里，而这些都会导致我们无法更为客观地看待问题。那么，我们本身存在哪些明显的错误思维方式呢？

# 潜意识的偏心
## ——我们真的比普通人优秀吗

戴夫·巴里（Dave Barry）曾经说过："无论人的差距有多大，但是有一点是相似的，那就是打心里认为，自己比普通人强。"这种自认为比普通人强的现象，我们称之为自我服务偏差。

当我们在大脑加工自己和自我有关的信息时，经常会出现与事实差距较大的偏差的现象。**在很多情况下，我们会认为自己做得比别人好。**

心理学上曾经做过很多关于"自我服务偏差"的实验。他们发现了很多有趣的现象。

大多数生意人都认为自己比一般的生意人更有道德。在一份百分制的道德评分卷上，有超过50%的人给自己打了90分以上的成绩，而只有11%的人给自己打分在74分和74分以下；在澳大利亚，86%的人对自己的工作业绩的评价高于平均水平，只有1%的人评价自己低于平均水平。

而在一项美国高考委员会对829,000名高年级学生的调查中，没有人在"与人相处能力"这一项上给自己打分低于平均值，而且其中有60%的学生对自己的评价是前10%，另外有25%的人则认为自己是最优秀的1%。

之所以会出现自我服务偏差，很大一个原因是，每个人都有维护和提高自尊的需要，所以我们会倾向于美化自己。而当别人表现较好时，我们为了避免"被比下去"的落差，经常会将别人的成功归因于环境。心理学家邓宁（Dunning）等人也在实验中发现，自尊刚受到打击的人（例如，测试成绩很差），他们更容易去指责别人。

自我服务偏差延伸出来的另一个问题是虚假普遍性——我们会高估或低估别人会跟我们一样思考和行事。当我们喜欢某一种事物时，我们可能认为别人也会喜欢它；当我们不喜欢某一事物时，我们会认为别人也讨厌它。

比如，我们对自己很满意，认为自己很优秀很体贴，但是追求自己心仪的人时，会认为对方应该也会喜欢我们，但这很可能只是一厢情愿。

总之，美化自己可以给自己更多的信心，但是给自己过多的信心也会让自己的思维闭塞，从而无法更为准确地评估自己的能力，这也不可避免地会让带有自我服务偏差的人产生更多的落差，而且会将自己的失意归因于社会环境。

这也就可以很好地解释为什么社会上有很多人认为自己能够与众不同，当自己面试被刷下来时，认为自己怀才不遇；追求对象被拒时认为对方没有眼光；碌碌无为时认为是社会不公。

但实际上呢？这个社会并没有那么多"怀才不遇"的人，这只是我们的自我服务偏差而已，是对自己的美化。

在自我审视上，苏格拉底在两千年前就留下了"Know yourself"的呼吁。**从某种程度上，认识"自我"比认识客观现实更为困难。我们最接近我们自己，但我们并没有因为这点而对自己了解得更深。**

如果自己一辈子都不能够准确地看清楚自己在社会上的位置，那么也就不可能把握自己的能力水平，那也就难免"被埋没"。相反，**如果能够看清楚自己，那么自我成长的问题也就已经解决了一半。**

# 专业的错觉
## ——专业人才存在的思维局限

我在前面的章节，也大致提到过我们的思维和注意力会因为我们所知道的知识而进行选择性关注。而如果一个人长期处于一个领域之中，那么他的思维就很容易受到这个领域的影响。正如马克·吐温所说："当一个人手里拿着锤子的时候，他再聪敏，眼里也会充满钉子。"

当一个人浸淫在某领域过久时，他会习惯性地从自己专业的方向去解决问题。正如古希腊大数学家毕达哥拉斯因为凭借数学解决了许多问题，乃至提出"数学可以解决一切问题"的豪言。

而在我们的生活中，这种专业偏差出现的情况更是层出不穷。比如说下面这个笑话就是因为老师长期被训练去发现作者所有的提示，如象征和隐喻等手法，导致对普通事物的过度解读。

鲁迅写下：哈哈。

语文老师：好！实在太好了！第一个"哈"字，表达了作者对当时黑暗社会的苦笑与无奈，第二个"哈"字，笔锋一转，作者意图传递一种积极乐观的情绪给读者，警惕国民，必须清醒，冲破旧制度的枷锁。而句末的句号，则运用得出神入化。句号表示结束，作者用简单一个句号，便充分强烈地表达出要结束旧制度的想法。

将自己的专业知识迁移到生活的方方面面是非常糟糕的情况，当自己所思考的角度都是从自己的专业角度出发时，也会让自己的思维明显受限。

一些咨询公司对那些运营中出现问题的公司进行调研时发现，一个公司最容易出问题的人往往是那些具有某项特长，但是缺乏其他方面知识的专才。这就好比一个程序员，如果缺乏足够的市场营销知识，他在编写代码的时候就会往简洁性和利用率的角度考虑问题，而不是市场需求。

这也是将才和帅才的区别。将才更多考虑的是单次战役的胜负，而帅才考虑的是战略的成败。前者思考的出发点往往局限于局部，他们无法看到更为广阔的格局。

所以，我们需要涉猎更为广泛的书籍，不应仅局限于自己的领域，只有这样才能让自己的思维尽可能多地跳出自己熟悉的领域去思考。如果自己接触的知识更多是理性推导，那我们可以多接触一些文学类情感类的书籍；相反，如果自己过于感性，那就多看一些不带情绪偏向的知识。

只有跳出自己的专业思维倾向，才能提高看待问题的高度，也才能看到更多层面的问题。

# "就是看你不顺眼"
## ——你反对的，我都要支持

"为了反对而反对！"

这种现象在我们生活中经常会看到。即使你将所有的证据都呈现在了对方面前，证明对方可能存在的问题，对方仍然会坚信自己的立场，甚至为了自圆其说，说那些证据都是捏造的。

那么，为什么会出现这种现象呢？

这种现象被称为"信念固着"。"信念固着"指的是，人们一旦对某种事物建立起某种信念，尤其是为其建立起一套理论支持体系，那么就很难打破他对这件事的看法。即使出现相反的信息他们也会视而不见。

心理学家罗斯（Ross）和安德森（Aderson）等人做了一个相关的实验。他们先给被试者灌输一个错误的信息，然后试图让被试者去否定这个信息。但是他们实验后发现，错误的信息一旦给人们找到看似有联系的根据，那么就很难再去改变他们对这条错误信息的相信。

这也就造成了一个极端。在处事过程中，人们可能曾经受益于某种方式。当人们打算再用这种方式行事，而别人告诉他们这种方式有问题的时候，他们往往会对提供的信息置若罔闻。

比如说，当我跟年长一辈的人们解释说："中国之所以会有闹婚这个习俗，是因为以前人们对性方面的知识接触得比较少，为了激起男女双方的性欲，这才要给男方灌酒，与女方发生一些肢体接触，主要是想减少新人之间的尴尬。现在信息畅通，社会包容度也高，闹婚这种习俗也该被淘汰了。"

而老一辈的人往往会说一句："祖宗留下来的规矩照做就是，要不然不吉利怎么办。"

可想而知，这种现象对我们看待事物有非常大的负面影响。当我们接触与旧事物相矛盾的新事物时，我们会更倾向于保护旧事物。因为我们曾经受益于旧事物，而这会成为支持它的证据，进而排斥新事物。这时，这种闭目塞听的心理就会成为我们进步的障碍。

那么，怎样才能减少这种"信念固着"对我们的影响呢？那就是，置换他们的思考场景。

心理学家罗德（Lord）等人通过实验证明，**当被试者被要求用与自己坚持的观点相反的角度去看待问题时，他们就不再像刚开始那样固执己见了。**事实上，思考各种可能的结果，会让我们仔细思考各种不同的可能性。

这种方法同样适用于消除各种偏见。设问自己为何会产生这种偏见，是接触过相关信息还是相关事物？如果自己是"被偏见"的对象，有什么特质？有什么感受？通过置换自己的思考场景，可以更为清晰地知道自己的想法来源并减少信息闭塞。

想要让自己更为广泛地接受新观点，我们可以思考别人为什么会有这种想法，一来是能够感受对方观点的可能性，二来是可以发现对方观点的局限范围。这样就能减少思考过程中的盲区，让自己的想法更为客观实际。

# 金字塔塔尖之外
## ——成功者背后的无数失败者

上大学的时候，跟几个朋友参加了一个创业大赛。比赛大概有130多支队伍参加，当时感觉压力挺大的，不过后来经过努力，我们跟另一个队伍拿了并列一等奖。他们是因为营业额最多而获奖，我们是因为策划、执行和答辩加分多而拿的奖。

但是从那以后，我也明白了一个道理：我们能够看到的和听到的，大多都是经过筛选的。参加比赛的有130支，而能够在演讲室答辩的只有10支，能够上校报的却只有2支。

这样的经历也能够推及到整个社会。**我们所能够听到的、看到的结果大都已经经过筛选。**比如这几年的创业热。因为国家鼓励"双创"，加上媒体配合，我们比以往更为频繁地接收到与创业相关的信息。尤其是成功例子的报道。

事实上，那些能够被我们接收到的"成功创业者"信息，同样也是经过筛选的。每个行业都有成千上万的创业者涌入，但是被报道的来回就那么几个。但是这种报道给我们的直观感受就是"成功好像很简单"。但实际上这就是典型的"幸存者偏差"。

而真实的情况很残酷：创业公司三年后还能正常营业的只有1%，再过三年还在的只剩0.2%。

可是很多人并没有看到这个筛选过程，只看媒体报道还以为成功很容易。而这也就是社会学上的"幸存者偏差"现象——只能看到经过某种筛选而产生的结果，但是没有意识到筛选的过程，因此忽略掉了被筛选的那些数据和信息。

所以，如果经常看到那些成功的故事和成功人物，我们会觉得"成功貌似离我们不远"。可是，这大大误导了我们的判断。我身边也确实有很多辞职跟朋友创业的同事，当然，一些已经回来了。

以前翻书的时候，看过这么一个骗术。有一个道士自称能做求"生男孩"的法术，如果生的不是男孩就退钱。一开始人们将信将疑，但是随着时间的推移，他的"生意"越做越大。

那么，他的骗局为什么能够持续那么久，而且让越来越多的人相信呢？实际上，这就是"幸存者偏差"现象。我们知道，生男生女在概率上是相近的。

当生女孩时，他就将钱退给人家，人家也就不折腾，而那些生男孩的人家则会不断吹捧这个道士。这就造成了人们听到的信息大多是被认可的人筛选过的，所以产生了"这个道士的药很灵"的错觉。

前段时间我也看到一个类似这种骗局的翻版——考研包过班，不过退款。这种培训机构收取高于其他类似机构20倍的费用，但是教学内容与其他机构大同小异，用的也是这个原理。

**而如果想要避免"幸存者偏差"这种思维，避免更多的陷阱，我们则需要对我们所得知的信息进行逆推，发现筛选的过程。**

比如，有人说："读书没用，很多大学生都找不到工作，我二伯父三姨妈没读书赚的都比大学生多。"这个时候，我们就要反问自己：他是通过什么筛选过程得出这个结论的。

这其实可以运用"贝叶斯概率公式"来解释,同样的事件,在不同条件下求出的概率不同。很明显,我们知道他得出"读书无用"的结论的筛选过程是"身边没读书的人赚很多钱",而不是"这个社会没读书的人赚的都比大学生多"。

通过寻找对方结论的"筛选过程",我们能更好地找到对方的逻辑漏洞,也能避免让自己陷入这种思维陷阱。当然,要想更好地弄清楚事物的真实情况,最好的办法还是弄一份"详细的问题数据记录"。

# 要不回来的成本
## ——坚持还是放弃，这是个问题

假如你打算周末看场电影放松一下，兴高采烈地买了一张电影票，但是当自己观看时，发现这是一部"烂片"。这个时候你可能是这么考虑的：走了好浪费，毕竟票都买了；不走又觉得好"烂"啊。

生活中我们经常会遇到这种两难的选择，但是如果我们在某个选择上投入过成本，那么当我们需要进行调整时，我们会更倾向于保持原来的方式，舍不得我们已经对其的投入。但是，一些我们曾经投入的成本不会因为我们选择继续投入就变少，不断投入反而会让我们损失更多。

心理学家哈尔·阿克萨（Hal R. Arkes）和凯瑟琳·布鲁（Catherine Blumer）曾经用一个实验证明了，过去的投入会影响我们的决策思维和选择。

在实验中，研究人员将被试者分为两组，然后给被试者设置了以下的场景：

假设自己是某公司的最高管理层，决定用1000万美元开发一个项目，结果在已经花费700万美元，完成到70%的时候，发现竞争公司已经提前研试成功，并且产品的各项指标都比自己的公司强，也就是说，即使自己的产品研试成功，也很难有市场。

对其中一组被试者进行提问：作为决策者，是否会把剩余的300万美元研发资金用于该项目？他们统计后发现，85%的被试者会选择完成该项目。

而在另一组被试者中，研究人员在测试过程中，不提及需要的总资金和已经投入的资金，只是告诉他们"想要完成项目还要投入300万美元的研发资金"。结果，只有17%的被试者支持在该项目上继续投资。

这两个对比实验比较出来的结论是，当我们知道我们对某事物已经投入了很大的成本时，我们就更难以舍弃。而当我们不知道自己已经投入的成本时，我们继续投入其中的意愿就弱了许多。

而另一个实验则证明了，无论沉没成本有多少，只要人们付出了成本，就有想要"回本"的心理，并且会为之付出行动。这也是为什么很多人会在赌场中输个精光的原因，当他们输了一点的时候，他们心想再玩一局大一点的，只要赢了就能"回本"了，就这样一步步地深陷其中。

"沉没成本"会极大影响我们的决策，如果我们继续原来的选择，我们可能会失去更多。而放弃原来的选择，那么原来的所有投入都会变成损失。

这就好像自己早上等公交车的时候，等了半个小时公交车还没来，心想已经等了半个小时了，再等等吧，结果半个小时又过去了。为了避免迟到，当自己决定打出租车去公司时，刚离开公交车站，公交车就来了……

那么，我们该如何平衡"沉没成本"对我们的影响呢？"是坚持还是放弃"是非常困难的选择，但是也有一些基本的原则。

比如，当成本已经收不回来的时候，需要果断放弃"沉没成本"。有很多大学生有这样的问题，想要选择非本专业的工作，又觉得不是很喜欢，但是不选择的话，又觉得自己浪费了四年的时间，非常舍不得。

如果说，确实不喜欢这个专业，那么就不用过多留恋，因为无论自己做什么选择,"大学四年"的投入都不能改变。否则,只会让自己继续在不喜欢的领域多投入几年。

**当注定要损失时,将损失降到最低就是获益。**

## 冲动是魔鬼
——失去理智，定受惩罚

"愤怒会让人失去理智"，当一个人处于愤怒状态中时，往往会做出非常偏激的行为。在这个状态下，他们的想法不是基于事实，更多的是主观臆测。而这也是有许多科学依据的。

医学杂志《神经科学前沿》（Frontiers in Neuroscience）发表过一篇关于愤怒时小白鼠大脑变化的研究。他们发现，在经常发生打斗的小白鼠的大脑中，大脑灰质的含量更少，同时海马体开始形成新的神经细胞，而且这些新的神经细胞会增强小白鼠的攻击性。

另外，这群经常发生打斗的小白鼠也表现出更高的焦虑水平，经常出现反复的行为举止，与其他小白鼠的沟通能力也明显下降。

而其中的部分大脑灰质与我们的思考能力有关，海马体则跟我们的记忆和社交能力有关。也就是说，当我们处于愤怒之中时，我们不仅会变"笨"，而且还容易迁怒于人。

愤怒和悲伤等负面情绪都会让人发生"思维窄化"的现象，容易让人们在看事物时添加非常多的个人价值判断。愤怒会让我们变得激进，看不见风险；而悲伤会让我们变得极为保守，过分在意细节。

情绪化的决策随处可见。一些小心机们总是约自己喜欢的人去看比较悲情的电影,从而让对方产生一些悲伤情绪,让对方更容易接受自己的追求。这是因为,人在悲伤时会更有社交欲望,更渴望社会支持。

而我们在这种场景下做出的决策,往往并不是出于自己的真实想法,更多的是一时"情绪化"的决策。也许过后一清醒,可能就会后悔。所以,为了避免人们因情绪化而离婚,有的地方会规定他们过上一两个月再来确认是否继续要求办理离婚手续。

所以,如果想要让自己少犯错误,最好不要在愤怒时做决定。**虽然我们不可能绝对理性,但是我们可以不在情绪波动较大的场景下做决策。当我们阅读那些充满情绪的文字时,更要小心里面的"情绪陷阱"。**

从某种程度上,认识"自我"比认识客观现实更为困难。

# 第三章 表达的逻辑
## ——让别人知道你到底想说什么

一千个读者心中有一千个哈姆雷特,每个人看待事物的角度都会因为自己的经历和知识面而有所侧重。有的时候,我们与他人的观点甚至是对立的,如果得不到较好的协调,那么就很容易造成双方的言语矛盾,那么我们该如何更好地理解他人,也让别人更好地理解我们呢?

# 表述的利器
## ——金字塔模式

我小时候学习做菜的时候，我妈妈每次都会告诉我要加适量的盐，然而我并不知道这个适量到底是多少，而现在则有一些人向我们强调要提高逻辑性，强化思维，然而我们也不知道具体的路径如何。

可能很多人都看过芭芭拉·明托（Barbara Minto）关于提升逻辑能力的书《金字塔原理》，不少人也反映说这本书有点儿难啃，看得云里雾里。

实际上，并不是我们理解能力不足，而可能是因为作者缺乏生活中的例子，所以就用专业视角去阐述，但是却没有考虑到我们的知识背景。这篇文章和下一篇文章通过对芭芭拉的《金字塔原理》进行总结的同时，我也会尽可能将例子生活化，文字轻松化。

### 1. 什么是金字塔原理

金字塔原理是一种重点突出，逻辑清晰，层次分明，简单易懂的思考方式，沟通方式和规范模式。金字塔原理的基本结构是：结论先行，以上统下，归类分组，逻辑递进。先重点后次要，先总结后具体，先框架后细节，先结论后原因，先结果后过程，先论点后论据。

## 2. 为什么要用金字塔原理整理逻辑

金字塔能够达到的沟通效果：观点鲜明，重点突出，思路清晰，层次分明，简单易懂，让受众有兴趣，能理解，记得住。

## 3. 怎么构造金字塔结构

搭建金字塔结构的具体做法是：自上而下表达，自下而上思考，纵向总结概括，横向归类分组，序言讲故事，标题提炼精华。

讲完了一些概括性内容，接下来就针对以上内容进行具体的展开。我们说话、写作、整理问题的过程，为什么需要使用金字塔原理呢？

**人类很早以前就认识到需要对事物进行规律化分类。大脑也会自动将事物以某种形式组织起来，基本上，大脑会认为同时发生的任何事物之间都存在某种关联，而且会将这些事物按照某种逻辑模式组织起来。**

举个例子，古人眺望星空，看到的星星并不是孤立的，而是通过自己的意识将它们整合成了"北斗七星、狮子座"等这样有规律的整体。

因为人的认知资源是非常有限的。可以用前面出现的假设来论证，我们随便往一个地方瞥上一眼，大脑得到的信息量就超过了1G，这对有限物理容量的大脑来说，是一种非常大的负担。

在长期的进化过程中，大脑学会了如何让自己在更低能耗的情况下更好地获得信息，慢慢地，大脑开始自动对事物进行分类和组织，以减少无用信息的干扰。

如果我们在传递信息的过程中破坏了这种进化——语无伦次，废话连篇。那么就会让对方的大脑产生更多的信息处理负担。

而在说话和写作过程中，无论读者智商多高，他们可利用的认知资源都是有限的，一部分认知资源要用于识别和解读读到的词汇，另一部分则用于找出各种思想之间的关系，剩下的资源则用于理解所表达思想的内涵。

而且这种资源的分配，每上升一个级别，所剩下的资源量就会少上一个量级。如果我们的语言文字在表达上前两个级别就耗费了读者的所有精力，那么就基本上很难有人知道我们想要表达的具体含义了。

一个复杂的表述会让我们不知所云，举个例子：

> 即使女员工能与男员工一样获得同工同薪的待遇，女员工的处境可能比以前差——与现在相比，女员工和男员工的平均收入差距将不会缩小，反而会越来越大。
>
> 对雇主来说，同工同薪是指，为相同的岗位或工作价值，支付相同的报酬。
>
> 采用任何一种解释都意味着：驱使雇主为自身利益采取行动；或者通过多雇佣男工抵制限制性政策。

这段话传递了五种思想，但是却并没有清晰的逻辑，让人觉得理解上非常困难。因为，它不能满足我们的大脑联系和分类的进化本能。我们很难从随后接收到的信息的所有特征中，寻找到与前面信息相同的特征。这就像对方给了我们堆砌的瓦砾，我们想要拼建成房子，却发现这些瓦砾不是相同的材料组成的，从而加大了构建出整体的难度。

人一次能够理解的概念和思想的数量也是有限的。美国科学家乔治·米勒认为，大部分人的大脑短期记忆无法一次容纳七个以上的记忆项目，有的人可能一次能够记住9个，而有的人则能够记住5个。大脑比较容易记住的是3个项目，最容易记住的是1个项目。

虽然这个理论存在一定的不足，但是也解释了一种存在的现象。当大脑发现要处理的项目超过 4 个或者 5 个的时候，就会开始将其归类到不同的逻辑范畴里去，以便于记忆。

我们在上学的时候，经常会用到大括号分类法。将复杂的知识分类到同一个板块和知识下面，形成一个目录，以方便我们复习。这实际上也是用到了金字塔原理的基本思想。

将十余个项目划分为三个大项，让自己思维的抽象程度提高，产生塔式链接，更容易记忆。

# 利器出鞘
## ——如何使用金字塔模式

金字塔原理最为实在的功能在于降低受众的认知成本，提高我们想要表达的信息的转化率。在形式上让自己的逻辑更为清晰，更有条理性。

现在，我们知道了金字塔原理的使用益处，那么怎样才能够更好地驾驭这个工具，让别人更好地接收自己的信息，实现说服的目的呢？

### 1. 背景交代

前面的心理学实验"看不见的黑猩猩"实验已经证明了，人的注意力是非常有限的。大脑会有一个自发的过滤器，将无用的和非常熟悉的知识过滤掉和简化。

如果说在一开始就没有明确好要讲述内容的方向，那么就需要花费更多的精力在多个方向获取信息，这样就会增加很多认知成本去理解没有用的信息，让受众有效信息的转化得不到提高。

当我们交代了我们讲述内容的背景时，对方就会在认知上减少发散的方向。比如说，我们看到一张一群学生在教室里的照片，被人提问里面有多少个男生时，我们就不会去关注桌子的颜色和教室里的黑板报。

而反过来，等我们看完照片，立刻拿开照片并提问，教室有多少扇窗户，大多数人是答不上来的。这种预先性提问，就是通过问题背景自动过滤了很多与主体无关的信息，从而降低受众的认知成本，提高信息转化。

### 2. 顺序讲解

1234567890123456789

8426795135894671023

145236978 X 31486529

以上三组信息哪组我们更容易记住呢？哪组信息我们更能够接受呢？

其实，思维的过程实际上就是对信息的接收、加工整合、储备和表达。通过上面的例子，我们可以大概明白：清晰的思维模式，实际上就是将信息进行排序和规律化，进而降低受众的认知成本，让信息得到更好地传达。

人的注意力是非常有限的，大脑喜欢有层次的、有规律性的东西。我们在表达过程中，需要让表达过程具有一定的层次关联。金字塔原理的表述有四种顺序。

演绎顺序：大前提，小前提，结论。

时间（步骤）关系：第一，第二，第三。

结构（空间）关系：远近，高低，大小。

程度关系：最重要，重要，次要等。

至于选择哪种类型的逻辑顺序，取决于我们在组织思想时的分析过程。写出条理清晰的逻辑结构需要我们在构思的过程中，清楚地理解需要阐述的事物的内在联系，进而使分析结构更为有效。

### 3. 结构性分析问题

我们解决问题的一般流程是：

收集信息→描述发现→得出结论→提出方案

然而，这种解决问题的办法实际上是非常低效的，在收集资料和分析的工作中高达60%是无用功。得出来的结论往往也非常空泛，没有实际性帮助。后来，很多信息咨询公司发现，最行之有效的办法是在信息收集前对问题进行结构性分析。

提出假设；
设计流程，沙盘推演；
分类处理，得出结论；
得出相应的对策。

也就是说，我们在整理自己的思路、构思解决问题的内容时，第一步不要着急去收集信息，而是先提出问题所在的假设，通过假设去寻求有用的信息，进而降低信息的收集成本。

比如说，当我们学习低效的时候，我们应该第一步采取的措施是提出问题：是什么造成了自己的低效，横向比较自己不同时期的表现，纵向比较近期的表现，再比较他人与我们是否存在同样的问题，进而得出一种反馈。通过得到的假设，再去采集信息并且进行措施的补救等。

很多改变败于没有理论指导。好的理论在于指导性和操作性，而金字塔原理就是一个可以有效解决问题的理论。

# 结论先行
## ——让别人 get 到你想说的

我在网上看到过一些很好玩的问题，其中下面两个让我印象深刻。

给你对象或者喜欢的人发"今天我吃药的时候看到了一个新闻"，如果他回复你说是什么新闻而不是问你为什么吃药，说明他不喜欢你。

最近我女朋友老是很晚回家，问她去哪了，老是支支吾吾的，想翻看她手机她总是很惊恐地抢回去。有一天晚上很晚了，她画着浓妆要出去，我骑着摩托车在后面跟踪她。忽然摩托车的烟管坏了，直接掉到了地上，我的摩托车是去年才买的，还不到一年，请问能保修吗？

这两个问题的本质都是增加了无用的信息，造成了我们的决策干扰。同样，如果想要让对方更好地理解我们想要表达的意思，我们需要在表述的过程中尽可能减少无用信息的干扰。

那么，怎样才能够让对方更好地理解我们想要表达的意思呢？

正如前面论证所知，想要让一个人更好地理解我们最想表达的信息，就不要掺杂太多无用的信息。信息多虽然能够帮助我们更好地分析，但是没用的信息则会对我们产生非常大的干扰，就像我们以往考试的时候，如果有那么一个条件没有用上，心里总是感觉怪怪的。

另外我们还可以这么做：**尽可能将我们的核心观点放在最前面说**。这是因为，我们的注意力十分有限，即使是一节 40 分钟的课堂，我们也会分神很多次。我们在阅读过程中，注意力最集中的时候往往是在最开始，其次是在最后。

心理学研究证明，人在学习的过程中会产生前摄抑制和倒摄抑制，记得最牢固的知识是最前面和最后面的两个部分。当我们在识记一个较长的字表或一篇文章时，一般总是这段文字的首尾容易记住，不易遗忘。

而中间部分则常常识记较难，也容易遗忘。这是由于识记材料开始部分只受倒摄抑制的影响，识记终末部分只受前摄抑制的影响，而在识记中间部分时则同时受这两种抑制的影响。

一些时候，对方的时间也非常有限，如果在一开始没能让对方知道你的来意，对方会显得不耐烦。从效率方面来说，一开始就表明自己的核心想法比放在最后更好一些。

如果我们想要说服对方，就需要让对方对我们的信息进行足够的加工。至少要走进对方的注意范围。如果有机会，则在最后面再强调一次。

所以，我们也能经常看到一些人对自己的文章的观点进行分标题讲述。实际上就是将整篇文章分割为多个小部分。这样，分标题可强调自己的观点，即使对方不看正文也能大概知道对方要描述什么。

同时，前摄抑制和倒摄抑制一般是在学习两种不同但又彼此类似的材料时产生的。将文章进行分标题讲述，我们会在潜意识里将它们分为两种不同的学习材料，这样更容易减少前面的观点对后面的观点的前摄作用。这样也就更容易让我们接受，从而达到影响的目的。

## 经验参照
——为什么好的演讲者很喜欢举个例子

我们在认识事物时很大程度上都会参照以往的经验和知识，如果我们所学的知识又与我们密切相关的话，那么学习时就会更加有动力，也不容易忘记。

之所以会出现这种情况，是因为记忆材料与自我有关时记忆效果优于其他编码条件的现象，这种优势主要体现在以回忆经验为特征的材料出现时。这在心理学上被称为"自我参照效应"。

**也就是说，当我们所面对的材料内容是对方身边熟悉的人或事时，它更容易让对方记住，这样才能够提高我们的信息转化率。**

用熟悉的知识和场景讲解是为了增加好感，陌生是为了构建冲突。

从心理学的角度来讲，我们对新鲜事物的认识方式，都是构建在已有的认知上，我们都倾向于理解我们能够理解的事物。因此，以熟悉的事物作为我们讲解过程中的载体，很容易带给他人熟悉感和认知上的亲切感。

但是熟悉的事物也往往被大脑自动过滤掉，所以，我们也需要对熟悉的场景和知识，进行适当地重新组合和内容添加，以激发对方对新奇事物的好奇心。

这也是为什么部分广告代言人是非常普通的小人物或者超市与家庭聚餐的

场景，同时添加自己想要宣传的产品，其目的就是为了增加受众的熟悉感。

比如说一个品牌的洗衣粉，有非常多的广告都是以大街或球场上孩子玩闹之后将衣服弄脏后、一位家庭主妇将衣服泡入含洗衣粉的水中、拿起来轻轻揉搓就洁白如新为场景的。

这都是利用与我们相关的信息来进行说服。我们对街道和家庭主妇再为熟悉不过，在心理距离上让我们感觉非常贴近，从而让我们对其品牌产生好感，达到提高转化率的目的。

而我们也可以用这种方式来增强说服的效果。我们在讲解复杂事物时，应该尽可能让它与我们的受众经常能够接触到的事物相结合。

比如说，在给小孩子讲解什么是蝙蝠时，可能大多数人都没有接触过蝙蝠，如果我们这么表达"蝠是翼手目动物，翼手目是哺乳动物中仅次于啮齿目动物的第二大类群，是唯一一类演化出真正有飞翔能力的哺乳动物"。

孩子们肯定很难理解我们所要表达的，一是孩子的抽象能力相对较弱，二是因为没有接触过蝙蝠，很难有相似的模板套入联系。但是大多数孩子都见过老鼠。我们如果告诉孩子"蝙蝠是带翅膀的老鼠"，孩子们可能就能够知道它大概长什么样，虽然不够准确，但是达到了教育的基本目的。

当然，不仅孩子们需要这种"熟悉+陌生"的说服模式，不管是谁，如果我们能够用这种模式去跟对方讨论，都能够让对方更好地理解我们所要表达的观点。

我们写作过程中常用的类比实际上也是一种"熟悉+陌生"的说服过程。通过类比，我们能够让我们要表达的观点非常显而易见。

比如说，我有一次进行集体讨论时，讲到社会对抗关系的竞争性和互补性时，我说了"一山不容二虎，除非一公一母"，他们也就更能明白对抗关系的竞争性和互补性的前提条件了。

"熟悉＋陌生"的说服模式，能够让对方对我们的观点更为熟悉，也能够让我们的观点更加清晰。这样双方讨论起来才能够更有针对性。

尽可能将我们的核心观点放在最前面说。

# 第四章 | 一些实战
## ——看到事物的本质

世界是圆形的,但是有人敲碎了它,只给了人们一个三角形,那么很多人会认为世界原来的样子是三角形的。我们学习更多的知识,只是为了发现一个更完整的世界。也只有不断学习,我们才能在别人告诉我们世界是三角形时,能够拿起批判的武器。

# 存在的意义
## ——人生是一场时间的旅行

记得以前看过一个故事,讲的是一个冒险家将攀登珠穆朗玛峰作为自己的人生目标,当自己完成了这个艰巨的挑战时,众人喝彩。

但是不久之后,他就自杀了。他自己说道,当完成了最后的挑战,感觉人生没有了意义,失去了生存下去的动力。

北京大学心理咨询师徐凯文在其文章《学生空心病与时代焦虑》中讲到一个例子:

> 有个高考状元说,他感觉自己在一个四分五裂的小岛上,不知道自己在干什么,要得到什么样的东西,时不时感觉到恐惧。19年来,他从来没有为自己活过,也从来没有活过,所以他会轻易地放弃自己的生命。

那么,人生的意义到底是什么?我也曾经为了这个问题失落了好几周,虽然之前也思考过无数次,但是那一次感觉特别强烈。然后,我也开始各种资料的查找和书籍的翻阅。

最后经过思考得出的结论是——人生的意义在于赋予,甚至说是没有意义,如果有,那是我们让它变得有意义的。

现在我们思考这么一个问题：

你的女朋友或者男朋友送给了你一支不是很昂贵的笔，但是你会觉得这非常珍贵，会对这支笔有非常多的感情。假如有一天，在你不知情的情况下将你的笔调包，换成一支不是你女朋友送的笔。你依然会对你拥有的笔产生足够的感情，可是笔已经不是原来的那支笔了。

钢笔已经被换了，可是感情却没有改变。既然它已经不是我们的男朋友或者女朋友送的那一支，那为什么我们还会对这支被调换的笔产生感情呢？

答案是我们赋予了这支笔意义，它浓缩了我们的强烈感情，成为一种情感的载体，进而产生了意义。

同样，我们的人生也是如此。我们所处的社会和我们所接触的知识构建了我们的价值体系，这就像是恋人送来的钢笔，进而让我们对一些特定的事物产生了足够的感情，并且赋予其意义，从而形成一种追求。

人生所谓的意义，是我们赋予我们行为的一种支撑。它是我们价值观的产物，而不是本来就拥有的。意义的产生来源于我们对事物的认知以及关联的构建。

有部电视剧里面有一个角色。他认为他活着的意义是为了效忠他的王，即使他的王变坏，他依然没有改变自己的看法。

因为他害怕承认自己的错误，害怕自己所做的事毫无意义，所以他宁愿一直对已经变了的王继续保持效忠，也不愿意改变自己所认为的有意义。

在这里他所谓的意义是自己赋予自己的。为的是支撑自己的行为。他将自己的行为关联了天命，即实现了载体与意义的结合，以让自己的行为有足够的理由。

人一直都是害怕不确定的动物，就像看到草丛在动，我们无法判断是否有狮子就会不安。我们也害怕自己行为的不确定性，如果没有一个指定的程序或者说目标让我们去执行，那么我们也会产生非常强烈的不适应感。

很多人在高中的时候，因为社会教育的灌输，以及所处群体的同化作用，让我们对高考赋予了很重的意义感，进而很多人对高考极度看重，而且也能够认同自己的努力，即使偶尔会疑惑自己为什么那么努力，也会因为环境带来的紧张感而减少这种疑惑。而高考结束后，这种我们赋予的意义就消失了，进而让我们的行为没有了支撑。

如果没有及时寻找到新的支撑，也就是赋予新事物一个不一般的意义，那么我们很可能就会陷入质疑——我做这些有什么意义呢？而在这种情况下，系统总是趋向于无聊的。

而我们往往会选择最省劲的行为模式——打游戏，看小说，睡懒觉等。那些脱贫致富的人往往容易吸毒也是这个原因。

听到国歌，一些人可能会激情澎湃，因为他们的教育赋予了这首歌意义，而没有受过这种教育的人，往往不会热泪盈眶；别人用一只更昂贵、年轻的哈奇士想换我们养了十几年、甚至带病的哈士奇，我们是不会愿意的，因为我们对这只狗产生了感情，它成了一种意义的载体。但是如果让一个不知情的人二选一，我想大多数人都会选择年轻可爱的那只吧。

到目前为止，我也还没有明确发现自己的人生意义，也没有发现特别值得赋予意义的事物。但是我的价值体系让我明白，意义是自己给的，快乐是很简单的一件事，而价值也是自己创造的。所以，在图书馆泡上一天给我的快乐比躺在床上睡懒觉多得多。

我也很喜欢英国浪漫诗人威廉·布莱克的一句话:"辛勤的蜜蜂,永远没有时间悲哀。"与其不停思索人生的意义,不如让自己在体验中获得。

让自己忙起来,那也会是良药。

## 社会圈层
——如何进入更高的圈层

这些年有一个话题非常热门：进入上一个社会圈层的难度越来越大了。资源的流动性变缓慢了，能够在社会受益的奋斗者越来越少。

这是每个时代的焦虑，尤其是这个时代。我们发现自己的努力得不到应有的回报，看不到自己的付出会有什么结果，是谁都会感到不安。

中国在改革开放的前 20 年，社会资源的流动性是非常高的，但是伴随市场的成熟和既得利益者的形成，资源的流动产生了一些阻力。

现实很残酷，而且这并非中国，也并非这个时代的特点。法国社会学家布迪厄（Pierre Bourdieu）早在 1965 年就做过一个对近万名法国中学生的调查，发现优等生群体有 61% 属于富裕阶级。而中国明朝也是如此，万历年间，80% 的进士出自精英家庭。

社会学上有一个马太效应，指的是这个社会的发展趋势更多是强者越强，而弱者越弱。一个新社会的初期，大多数人差距都不是很大。但是随着社会发展和稳定，社会逐渐分层，马太效应就越来越明显。绝大多数穷人会变得越来越穷，而富人则依旧保持着优势。

那么，我们该如何才能让自己进入更高的社会圈层呢？我们可以从下面的一些角度去做探索。

**1. 有无增量基础**

雪球越滚越大之前必须有一个小雪球:"星星之火,可以燎原"的前提是有一个火点。同样,自身要想得到发展,也必须有这样的增量基础,俗一点的说法就是:足够的本钱。

前段时间看到新闻说,王思聪 5 亿元的投资最高获得了 5 倍的收益。那么,这是否是因为他的能力比大部分人强呢?不是的。富人之所以能够轻易赚钱,可能不是因为他们能力比我们强,而是他们有增量基础。父母已经帮他们滚好了"小雪球",他自己只要再轻轻动动手指就能够让雪球自己滚下去,慢慢变大。

当一个人有 5 个亿的资产、想要做投资时,会有很多基金公司和私募公司找上门来,告诉你投资什么企业和领域赚钱,基本不用自己费心。

而大多数人想要达到跟他们一样的层级,要比他们多一个前提条件——自己先有足够的本钱。当自己拥有足够的增量基础时,才能够吸引和交换相应的资源。

**2. 错以为努力与回报是线性关系**

1.01 的 365 次方等于 37.8,0.99 的 365 次方等于 0.03,其中 365 次方代表一年的 365 天,1 代表每一天的努力,1.01 表示每天多做 0.01,0.99 代表每天少做 0.01,365 天后,一个增长到了 37.8,一个减少到 0.03。

记得在学生时代,看过上面这个付出计算方式后,当时觉得这种方式所表达的思想非常有道理,自己像打了鸡血一样,每天多努力不止一点,想着把冷板凳坐热，最后成绩并没有多大起色，反而落下了一身颈椎病。这种计算方式是不是看上去很有道理呢？其实，这就像那些想着"离高考还有100天，每天只要进步一分就可以了"的人一样，没有弄明白努力与回报的关系根本没有确定关系。

两者之间的关系只能说：有规律，没定律。所以，也不要轻易想着靠这些简单的加减运算去计算自己努力会带来多少回报，因为根本就不准。

### 3. 市场回报率不等

不同的市场会有不同的市场回报率，最开始改革开放的时候，市场流通性差，这个时候承担商品交换的"中介产业"回报率最高，之后是股市走红，股市的回报率最高，再之后是房地产。

毋庸置疑，前几年体力市场的回报率一直是低于知识市场的回报率的。但是，现在来看，知识市场的竞争过于激烈，反而造成了体力市场的稀缺，开始出现反转。

不同的领域在不同的阶段有不同的回报率。托马斯·皮克迪（Thomas Piketty）在其著作《21世纪资本论》中写道，在近代社会发展的初期，劳动回报率高于资本回报率，但是现在的情况是资本回报率高于劳动回报率。

这也对应这个社会当前炒房子和搞金融的人的盈利所得大大高于做实业和出卖劳动力的。在合适的时间选择合适的发展领域显得非常重要。

### 4. 稳定的反身伤害

在进化中，最容易被淘汰的物种是那些生活环境长期处于稳定的物种，比如我们所知道的澳大利亚因为大陆漂移远离泛大陆主体，所以很多物种进化得比较慢，而且很容易因为突发事件导致大规模灭绝。

社会是残酷的，资源也是有限的，很多人因为想要稳定而失去了竞争力。

所以，如果说在一开始就选择没有难度的工作，缺少足够的历练，那么人会因为过于安逸的生活，而使竞争能力或多或少的退化。如果还没有养成较强的竞争能力就选择了稳定，能力也没有得到锤炼，那么很难说通过奋斗就会有向上的提升。

**即使山顶的草，也比平地里的白杨站得高，因为它生下来就站在了山顶。** 起点在一定程度上影响了自身的高度，但并不代表这无法突破。知道了自己的处境后，大家可以自己去想怎样破局。我也提供一些自己的想法。

### 1. 利用资源的转换性

社会体系的构建最为基础的组成是资源交换规则。就像能量能够从热能转化为风能，动能可以转化成电能一样，资源也存在这种不同维度的转化。你能够用自身的知识去转化成财富，也可以用财富去追求异性。诸此种种，不做赘述。

所以之前才会有"知识改变命运"的说法，实际上是因为知识和学历能够作为与他人进行资源交换的基础。至于能不能实现，能够交换成什么资源，那需要看知识的深度和广度，并且要结合个人的主观能动性。

总之，要想进入更高的圈层，就至少要有一样可以拿出去交换的资源，可以是足够的知识，可以是行业纵深，可以是垄断信息，甚至可以是长得好看。

凡是稀缺的，都是有价值的。几乎每一个伟大的企业，之所以能够长存，最根本的原因是因为他们能够给人们带去价值。同样，如果自身没有办法给社会和他人带来价值，那么也很难维系自己的生存。

### 2. 提升自身格局

曾经有一个人向画家门采尔（Menzel）抱怨自己一天画一幅画，但一年都没有卖出去一幅。门采尔给他的建议是"倒过来":用一年的时间去画一幅画,这样就可以一天之内卖出去。

同样,想要获得更多的资源,本身就不能急功近利。我所认识的很多人之所以失败并不是因为自身能力不足,而是因为看不到结果而不愿意坚持,错失了市场。

在一些平台偶尔会看到一些人求助如何考高分、升职之类的,但实际上,大多数人并不是不知道如何做,只是觉得那些"笨方法"很慢,看不到即时的成效。

只有站得更高,学得更多,才能够看得更远。

磨刀从来不误砍柴工,弄懂这个世界的运转规律并且利用好这些规律才是改变自己处境的最好办法。

### 3. 寻找增量市场

学过金融的人都知道泊松分布曲线。泊松分布曲线是诸多事物发展的规律曲线,从很低的起点开始发展到一个最大值,再慢慢衰减。

泊松曲线在市场的应用就是划分市场的增存缩关系。增量市场看运营,存量市场重质量,缩量市场做垂直。其中,当一个市场处于市场增量的时候是盈利最简单的时期,只要找到这个市场,在早期往往可以"躺着赚钱"。而后来者往往就没有这种好运。

这就像有人要过河,看到鳄鱼集中在一侧,自己从另一侧游过去。鳄鱼看到后迅速游过去。这个时候你想重复他的路径过河则很难实现。

所以,当我们看到一个行业已经有媒体鼓吹时,我们要自己意识到,这个市场可能已经被占领得差不多了,再去涉足可能会得不偿失。努力用自己所学的知识，去分析存在的市场和看到的领域，那会更加省力。

### 4. 寻求节点

很多明星在出名之前实际上已经做过很多年跑龙套的，但是做的足够多了，只要其中一个出了名，那么他就会成功，而且不可逆。那个成功的部分，我们称之为节点。

这实际上就是彼得·泰尔（Peter Thiel）所认为的事物发展"从 0 到 1，从 1 到 N"的过程。自己的所有努力在初期很难看到明显的起色，因为这个过程的积累是无中生有的过程，非常艰难。但是当自己完成了一定量的积累，接触到一个节点，那么这个"1"就会像奇点一样发生爆发式发展。

这也是为什么很多人强调如果想要在一个领域有所建树，需要持之以恒，实际上就是在完成原始量的积累。不过更好的办法是提高自身的能力水平，因为自身的能力水平足够高，可以极大地提前和增加这样的节点，甚至创造这样的节点。

### 5. 克服关键限制因子

把东西忘在房间里了，不用怕，我们有钥匙。但是钥匙忘在房间里了，这种情况可就麻烦得多了。这里的钥匙就是我们的关键限制因子。

德国植物生理学家丁·李比希（Justus Liebig）通过研究化学物质对作物产量的影响发现，各种作物的产量，通常不受它所需要的大量营养元素的限制，而是受到那些只是微量需要的原料产生的限制。我们称这种限制条件为关键限制因子。但是在任何具体生态关系中，在一定情况下某个因子可能起的作用最大。

也就是说，限制我们发展的关键限制因子可能是自己的短板，也可能是自己的长处。比如，你要高考那么你的弱势学科就是你的关键限制因子，你数学很强，但是你要通过数学竞赛获得保送，那么数学就是你的关键限制因子。

想要更好的发展，需要找到限制自己的关键因子，并且更好地去减少它对我们发展的限制。弄清楚自己真正要的是什么，并且分析、确定自己的关键限制因子，在自我完善的过程中，不断打破其带来的瓶颈。

# "美丽"的骗局
## ——洗脑为什么那么厉害

经济下行时，犯罪率会有一定的提高，传销活动也会更加盛行。这几年关于传销的新闻也是屡见不鲜。也有好多传销开始披上"新衣"，变换了方式。好多人也因此弄得负债累累，或者家庭破灭。在这里，我也讲讲一些常见的洗脑方式，供大家参考，尽可能抵制不良思想。

那么传销组织，或是洗脑者常用的办法有哪些呢？

### 1. 人群筛选

人群筛选主要不是用于洗脑，而是用于区分容易洗脑的人群。比如说，有的人偶尔会收到一些漏洞百出的诈骗信息。有的诈骗信息显得非常幼稚和低级，可为什么还有那么多人中计呢？

其中的很大原因，在于骗子的"人群筛选"。想象一下，如果他们的信息编得非常严谨，在非常庞大的基数的群发下，那么就会有更多的人去咨询情况，那样自己就需要花费更多的时间和精力去解释，尽力让他们相信这些信息是真的，这样会让骗子们疲于奔命。

但是，如果故意编造一个漏洞百出的信息，这个时候如果还有人跑去咨询具体情况是否属实的话，那么就基本可以确定咨询人群的智商水平，骗子就可以迅速找到自己的"精准用户",而自己也能大大减少时间成本的投入。

同样,我们听到的很多传销骗局都是如此,洗脑的人告诉对方有"躺着赚钱"的方法,通过这样的筛子,选出了那些容易被洗脑的人群。而那些不易被洗脑的人群会尽快被踢出群体,也避免后期他们的洗脑工作出现问题。

这也是很多传销组织能够存留很久的原因,有思维能力的都被剔除,只剩下那些缺少知识和教育的人群。他们更容易从众,更容易迷信,以至于再大的漏洞,他们也无法看清。

### 2. 单一信息和睡眠效应

就像吃饭一样,人对信息也是有生物性需求的。因为没有信息就无法捕食,无法远离潜在的威胁。所以,人对信息的依赖程度不亚于吃饭等本能。比起错误的信息,人们更害怕接收不到信息。所以,当错误的信息成为我们的唯一信息来源时,我们也会更倾向于接受和相信。

持续的单一信息会带来大脑皮层下的"响应回路",让他们从短期记忆变成长期记忆,从而改变自己的认知,增加我们对这种持续的单一信息的认可,最终认为它们是正确的。

我们看到的传销模式经常是阻隔掉人们对外界的信息很长一段时间,将其关在一个封闭的"小黑屋",不让人们接触组织群体以外的任何人。同时在这个期间不断跟被洗脑者讲"相似的道理"。

我们会慢慢接受那些明显错误的信息的另一个原因,就是信息传播的睡眠效应。信息传播结束一段时间后,高可信性信源带来的正效果会下降,而低可信性信源带来的效果却朝正效果转化。

也就是说,一开始我们知道明显错误的信息,一段时间过后,我们可能就慢慢相信了。而其中的原因在于，我们可以记得信息的大概内容，但是很容易忘记信息的来源。从而慢慢地认为他们给的信息是正确的。

即使内心非常强大的人，在这种单一信息和"信息睡眠效应"的影响下，也很容易被弄得筋疲力尽，最后屈服。

### 3. 制造"气压"

这里的"气压"是气场压力，指的是群体压力和环境压力。

人都是非常容易受群体影响的。就像一群羊突然跑向同一个方向，一只羊不知道其他羊为什么这么做，但是它知道跟着做能够活下来的概率最大。没有狮子，自己这样做也不会有太大的损失，一旦真的有狮子追来，那么自己生存的概率就增大了。

追随"多数人"是生存进化的最优策略，可能有些人觉得自己不从众，但是实际上，很多生活现象都会表露自己，比如说，看完精彩的节目后，掌声都是从不统一到统一，这也是从众的一种形式。

我看到的一个关于传销的视频，是这样的：明明是喝白开水，但是第一个人说鱼汤很香，第二个说有点咸，第三个说被鱼骨卡到了，第四个说葱花不错，这个时候，被试者内心是怎么个感受呢？从他的犹豫可以看出，即使不相信是鱼汤，或多或少也会对这是白开水的事实产生怀疑。

环境压力也是让人改变认知的一种方式。每个人都会有自己的心理空间，要是别人靠得太近了，我们会感到不安。能够被许可进入我们安全区的，我们都认为是可以信赖的。

而传销组织他们一般都是故意创造一个狭小的空间，让我们的安全区一直处于被打破状态，自身心理防御系统不能一直保持，进而对他们产生信赖感。相信他们的所作所为。

### 4. 真假信息混淆

小的时候玩过一个游戏，同学叫我快速念十次猫，然后奔出一个"老鼠吃什么"的问题，我下意识回答"猫"。这个过程就是一个明显的信息掺杂影响认知的例子。

传销组织和一些邪教的教义都是通过混淆信息来让你产生失调的。在传销中的表现是，先告诉你99个绝对正确的事实，再给你夹杂一个私货，你可能觉得不对劲，但是又觉得绝大多数是有道理的，这个时候你就会产生一些心理失调，在"相信与不相信"之间纠结。

人在心理上是追求一种协调和平衡的。所以在这个过程中会慢慢对这个信息进行肯定或者否定，再加上传销组织的引导，不断地信息"轰炸"，那么你从很大概率上就会相信他是真的。

### 5. 行为叠加

社会心理学家西奥迪尼（Robert B. Cialdini）在其著作《影响力》中写到一个研究。军事上，策反战犯经常会用到一种"登门槛"的心理效应。先让他们做一些无关紧要的、不背叛国家的行为，比如写下自己国家的不完美的地方。

慢慢地，因为自愿性原则，他们也会调整自己的形象，好让自己的行为符合"合作者"这个标签，如此又带来了更多的合作举动。

同样，传销组织也经常如此，让大家做一些无关紧要的事情，很多无意义的行为。再比如，一些宗教会要求跪拜和合十。调动我们的认知，为自己的行为做合理的解释。

当我们感知到自己的所作所为与我们的想法有所冲突时，我们会调整我们的行为或者认知。这个时候，再加上他们的诱导，我们也会对他们产生信赖感。

### 6. 制造高亢情绪

人对外界的认知大多需要经过情绪加工系统，而情绪会影响我们的记忆和判断。心理学家也曾做过实验，结果证明：一旦愉悦和高亢的生理反应正好与心理的反射相关联，我们会更容易对这种环境产生信任。所以，传销组织也经常通过各种行为，让我们产生高亢情绪。

比如，让我们在狭小的空间进行娱乐活动。因为从群体的认知上，我们在狭小的空间中，更容易被他人的情绪所感染，更容易被调动起来。另外，传销者经常会集体念一些口号，并且会不断地要求大声点，进而激发我们的高亢情绪。

### 7. 垄断解释权

很多抽象概念是无法量化的，会因为个体差异而有所不同，而传销人员也喜欢利用这样的模糊性告诉大家事实如何。看上去似乎讲得头头是道，而实际上，其中的逻辑性非常勉强。

比如说，一些"精英"喜欢垄断对自由和民主的解释权，告诉你这样是民主，那样不民主，但是实际上，两者行为是差不多的。只是在效果上满足了人们的一种心理预期，也能够增强运用这类模糊化语言操控他人的合法性。

### 8. 制造恐惧或外部敌对

人都是努力想要自己面对的世界合乎情理，能够确定的。很多未知是会带来恐惧的。这个时候，我们会更加渴望群体的支持。比如说，一些人不敢走夜路，但是如果旁边有一个人，他就不再感到那么害怕。

一些宗教也很喜欢制造出"异教徒"这样的外部威胁，从而让大家更加团结向外。所以，我们看到很多邪教都喜欢说他们"被迫害"。

当他们被问及一些合法性的问题时，会说自己不宜公开。制造外部敌对就是在制造不确定因素，让大家只能更加紧密地互相依靠。进而让大家对组织产生信任和依赖。

而如果是极端恐惧的状态，则可能会让人们产生生理失控，有的人表现为大小便失禁，甚至产生创伤后应激综合征（PTSD），因此对一些人极端信任，而对外界极度不信任。当他处于恐惧初期时，那么任何有效关怀，都会让人们对传销组织产生极度信任。

### 9. 群体去个性化

法国心理学家古斯塔夫·勒庞（Gustave Le Bon）在其经典著作《乌合之众》中提到，个体在群体中或者在和群体中的其他成员一起从事某种活动时，个体会表现出对群体的更多认可，进而丧失自己的个性。我们称之为"群体去个性化"。

这是因为，在群体活动中，我们会感觉到"社会责任"的分散，有大众一起承担，自己所付出的代价非常低。对应我们生活出现的情况就是我们认为"法不责众"，所以也会看到一些"货车倾翻，路人哄抢"的新闻。

心理学家辛格对去个性化程度不同的群体进行研究发现，当自己的意愿与群体行为相反时，去个性化严重的群体更少表现出非遵从行为。

洗脑者通过对一些行为的统一，让我们减弱对个体独体性的认知，产生对群体的服从。一个原因就是去个性化。所以，很多组织都喜欢统一人员的着装仪表，除了标识和美观作用外，也有去个性化的作用，也更方便组织化管理。

相信大家看了一些洗脑应用到的心理学知识，也会知道洗脑为什么那么厉害了。知道这些就像知道了对手的下一步棋一样，当我们遇到"洗脑"行为时，我们也能够更快地反应和清醒过来。

## 伪科学的新衣
——为什么有人相信星座

曾经有个女孩子跟我咨询,说自己是白羊座,而自己的男朋友是天蝎座不能在一起,但是自己很喜欢自己的男朋友,很纠结很难过,询问我她该怎么做。

我对此哭笑不得。我一直以为星座顶多是一些人为了打开与陌生人的话题而做的"小玩具",没想到有那么多人对此深信不疑。

实际上,星座是一种落后的产物,类似于中国古代的算命。星座在一开始是用于描述星体位置的,并没有描述个体性格的功能,但是一些占星师利用了人的心理特点,加上那个时候知识水平还不够,强行与人的性格和命运相关联。

人倾向于通过归类认识事物,进而方便对世界、对他人的认知。**想了解一个人其实非常困难,如果真的想要去了解一个人,则需要消耗非常多的时间和精力。大多数情况下,大家都不会这么做。**

**而星座性格分析就是为那些想要了解别人但是又不愿意投入太多精力的人而设的。**当我们知道一个人是什么星座时,我们就会自动地寻找"标签",让我们感觉自己对其"很了解"。

但实际上,这也是产生偏见的最大原因。喜欢贴"星座标签"的人,大多是懒人,不愿意花更多的精力去感受一个人的差异。

星座性格分析之所以那么受欢迎，实际上是利用了我们简化对事物的认知的心理惰性。除此之外，它也有其他伪心理学的特征。那么，这些伪心理学利用了哪些心理学知识，进而让人们深陷其中呢？

心理学家伯特伦·福勒（Bertram Forer）通过实验证明了一种心理现象：大多数人很容易觉得一个笼统、一般性人格的描述特别适合他。即使这种描述十分空洞，许多人仍然对这些描述自我的话深信不疑。

福勒于1948年对学生进行了一项人格测试，并根据测验结果分析试后学生对测验结果与本身特质的契合度评分，0分最低，5分最高。事实上，所有学生得到的"个人分析"都是相同的：

> 你祈求受到他人喜爱却对自己吹毛求疵。虽然人格有些缺陷，大体而言你都有办法弥补。你拥有可观的未开发潜能，尚未发挥你的长处。看似强硬、严格自律的外在掩盖着不安与忧虑的内心。
>
> 许多时候，你严重地质疑自己是否做了对的事情或正确的决定。你喜欢一定程度的变动并在受限时感到不满。你为自己是独立思想者而自豪并且不会接受没有充分证据的言论。但你认为对他人过度坦率是不明智的。
>
> 有些时候你外向、亲和、充满社会性，有些时候你却内向、谨慎而沉默。你的一些抱负是不切实际的。

结果平均评分为4.26，也就是说，几乎所有人都认为这些描述跟自己的性格特质基本吻合。这时候就应该有这样的疑惑：当所有人的性格都可以用同样的话语去描述时，人们的差异从哪里来？

也有一些网友在网上搜索了"过于温柔，经常把人爱坏"这样的字句，结果发现每个星座都有这样的性格描述。

那么，我们为什么会相信这些空洞的描述呢？这跟前面说到的"验证性偏差"有些相似的原理。

当一些人说你吹毛求疵的时候，你就开始在脑海中寻找自己吹毛求疵的场景——我们的生活场景那么多，总能找到一个与之匹配的场景，进而"自己感动自己"，觉得对方说的好有道理。而单凭少数的场景就断定自己有这样的倾向，实际上只是主观的验证。

就像道士来了一句"你三个月内必有一灾"，而当你身边真的发生了什么不顺利时，你就会心想，这个道士真灵。

但我们也知道"人生不如意十之八九"，三个月完全顺利的概率接近于0，他说的是一件必然事件。可是一些迷信的人却将自己必然发生的不顺利拿去验证他的言论。

除此之外，我们会发现，这种描述有非常多的赞美词语，而这就涉及我们对赞美和认可的需求了。

一些心理学实验也发现，即使人们能够发现别人对我们的赞美是"谄媚"，我们的多巴胺回路依然会被激活，而且对那些"谄媚"者的人格评分普遍高于普通人。也就是说，即使我们知道对方对我们的赞美是谎言，我们还是选择了相信。

而中国版星座——算命，让我们相信的原因也大抵如上。所以我们也会看到这样的描述："这位兄台，你额头有朝天骨，眼里有灵光，是仙人转世，神仙下凡，我终于等到你了！"

只不过，它也增加了更多的恐惧刺激。算命大师会告诉我们"这位兄台，我看你印堂发黑，目光无神，唇裂舌焦，元神涣散，近日必有血光之灾"，接下来就是要我们掏钱破灾了。

事实上，很多"神棍"并没有通天的本领，他们只是有更强的观察能力，能够很快判断出我们的情绪和一些家庭状况。甚至他们会组团行事，部分人负责调查我们的信息，部分人负责演戏，部分人负责忽悠。

总之，伪心理学之所以能够大行其道，一个很重要的原因就是大家都很懒，不愿意花时间去思考事物背后的真正原因，只想走捷径。然而，这些"捷径"却背离了我们所要的事实。

# 偏激的言论
## ——为什么很难看到客观的真相

我们在网上经常会看到一些情绪满满、明显错误的言论，但是它们却得到了非常多的认可和转发。为什么会出现这样的情况呢？

心理学家罗伯特·瓦伦（Robert Vallone）、李·罗斯（Lee Ross）和马克·莱博（Mark Lepper）等人曾经做过一项研究发现，**当媒体尽可能客观表述存在双方矛盾的现象时，比如播放一个群体冲突的视频，发现不管是哪个立场的人都认为，这个媒体的表述是偏向于自己的对立方的。这也被称为"敌意媒体效应"。**

换句话说，那些带有明显立场的人能够引起一部分人的共鸣和强烈支持，而那些中立的文章，得不到两个对立方的支持，即使得到中立方的一些支持，但是因为"事不关己"，他们也很少有动力去宣传这些观点。

这也是那些明显带有偏激的感情色彩的文章能够得到广泛传播的原因之一。当一个群体缺乏足够的凝聚力时，这个群体发挥出来的合力非常小，所以中立的文章能够得到很多人的认可，但是却无法让他们产生"同仇敌忾"的情绪。而充满情绪的观点，则能够激起一部分人的共鸣，并且形成非常大的合力。他们更愿意去转发和宣传这样的观点。

这就像面对数量庞大且极为健壮的牧牛群一样，几只狮子还敢去进攻和捕食，因为牧牛群都只是各顾各的，当敌人来临时，它们并没有协作起来形成对外的合力。而狮子呢？它们不在数量上占优势，但是它们形成的对外合力远大于牧牛群。

很多偏激的文章都喜欢如此，**通过树立一个观点作为自己的批驳对象，将自己划分为一个群体，站在道德的高地去指责另一个群体。**因为批评别人能够让人产生一种"我比那些人强"的意识，所以他们更愿意为这个观点站台。所以，很多事件并不是没有客观的分析，而是中立观点更难传播起来。

当然，当我们看到一个明显错误的观点被疯传时，我们也不要以为很多人持有这种观点。实际上，只是相信这个观点的人群所形成的合力非常大而已。当一个观点盛行，即使我们知道存在明显的问题，但是觉得自己是少数派而不敢轻易发言时，就会产生另一种传播学的效应——"沉没的螺旋"效应。

德国舆论学家伊丽莎白·诺尔·纽曼（Elizabeth Noel Newman）认为，长期处于舆论资讯中的人，会慢慢培养出一种准统计感官，也就是感知外界氛围的能力，能够觉察到媒体呈现出来的主流意见，并且这些意见会转化为个人对社会主要价值的认知。

随着主流意见在媒体上占据了与其相称的比例，持少数意见的人表达自己观点的可能性逐渐降低。相反，如果一个人感到自己的立场正在为公众所接受，他就会变得更加勇于表达自己。

当我们感觉一个观点被非常多的人赞同时，即使自己不支持，我们也不怎么敢表达出来，因为我们害怕被孤立，害怕因为不同而被抨击甚至报复。而且大众群体在做选择时，也存在趋同心理，会慢慢改变自己原来所坚持的。

比如说，老一辈人的理财观念是"节俭持家"，而现在的人越来越认为"要对自己好一些"，甚至很多人认为"不会花钱就不会赚钱"。

而这些观点实际上更多的是因为很多商家为了刺激大众消费而进行的宣传，

并最终形成了主流。所以说，一个观点如果得到一小部分人的认可，而反对者不发声时，久而久之，就很少有人反对了。

**如果理性不发声，那么一个偏激的观点就很容易成为主流。**而我们也可能会慢慢改变自己的观点，接受那个想法。

# 磨掉的棱角
## ——我们是如何变得平庸的

上小学的时候,我妈妈告诉我北大清华是中国最好的学校,我在思考是上清华好还是上北大好;初中的时候,我觉得自己努力一把还是有机会读重点大学的;到高中的时候,我只想努力考个大学。

相信这个笑话也是一些人的写照。自己在一步两步的成长中发现,理想很丰满,现实很骨感。很多人也就在这种一次又一次的打击中,慢慢认清了自己,也找到了自己的位置。

但是也有一些人走向了另一个极端——**习得性无助**。

虐狗狂人,哦不,心理学家赛利格曼(Martin Seligman)在 1967 年对狗做过一个经典实验。一开始的时候,赛里格曼把狗关在笼子里,只要蜂音器开始产生噪音时,就对狗施加电击惩罚,狗一开始的时候会到处乱跑。

但是多次实验之后,它发现自己的努力是白费的,无论如何都会受到电击。后来,实验人员打开蜂音器,在施加电击之前,打开了笼门,此时狗不是在努力逃脱,而是在电击出现之前就直接倒地呻吟和颤抖。

同样,生活对我们一次又一次的打击,也让一些人产生了这种"无助感"。他们在失败前就开始呻吟——"没希望的""我不行"。他们跟咸鱼一样,自怨自艾，不再去努力追求。即使真的有人给予他们机会，他们也不敢去尝试。于是他们慢慢就走向了平庸。

他们过度沉迷于自我的"舒服区"，他们不想做过多的尝试。即使有的时候内心觉察到自己的颓废和慵懒，内心充满了改变的渴望，但是他们因为在"舒服区"里停留的太久，以至于早上信誓旦旦，晚上就自责自己又虚度了时光，幻想第二天会有所改观。

**在这种无助感之中，他们开始产生另一种消极的心理防御机制，这是走向平庸的第二步。**他们试图证明自己的颓废是合理的、正确的。

比如，我的一个朋友曾经抱怨说："我那么努力成绩却那么差，努力还有什么用呢？"我当即反问他："你不努力的话会比努力过得更好吗？"

后来，我跟他表达了我的看法。我们不应该拿努力的自己与不努力却学习成绩好的人比较，而是应该拿读书的自己和不读书的自己来比较。前者只是我们知觉到的不平等，后者则是我们努力带来的价值。我们不应该拿这种想法来惩罚自己，作为自己不上进的借口。

**走向平庸的第三步就是急功近利。**他们开始对踏踏实实地努力失去了兴趣。他们更热衷于各种方法论，而且这种方法论越高效越有市场，以至于市场推出了各种夸张的噱头。

人们越是追求效率，在"质量"上就越难以顾及。而且，过于追求效率也会让人们不愿意去尝试更多的可能性，因为他们害怕别的尝试会导致效率降低和犯错，进而陷入一种逃避困难的状态。

希望大家不只是为了生存而生活。多年之后，也能感叹"这就是我想要的生活"！

后　记

## 沉下心来，才能真正学到东西

以前上高中的时候，在图书馆接触到很多数学著作，发现了几本很奇怪的著作，而且都有十万字左右，但是翻阅后，发现内容都是比较简单的三元二次方程的两种解法（消元法和降次法）。

我当时不理解这样的书价值到底在哪里？直到后来，随着知识的增加，我也慢慢理解牛顿所说的"站在巨人的肩膀"的含义了。一些对我们来说已经变得非常简单的知识，是经过非常多的前辈的积累才慢慢地提升和变得"显而易见"的。

也就是说，我们现在书中的一道公式，前人可能需要用很多本书的文字去阐述。而我们能够轻松地写出的微积分方程是经过几百年的简化和发展才变得简单而高效的。我们能够轻松推导出天体运动的运动轨迹，也是前人为我们总结的规律。

这本书本身的目的也是如此，通过对大量的书籍的精简和提炼，让更多的人更容易看懂，更容易理解。而这本书也是站在前人的肩膀上写成的，引用了大量前人的研究和著作。

可以说，这本书本身的信息量算比较大的。我想很多人也没有多少耐心真正把它看完。但是，我希望能够把这本书啃完的读者，能够明白"罗马不是一日建成的"。**走向卓越，也不可能一步登天。**

一些在世俗中被认为有所成就的人，他们在分享他们的成功经验时，本身就是一个结论性话语，但是他们得出这个结论之前，也有大量的铺垫和积累。如果我们没有自己积累的纵深，那么就算知道了一些道理我们也未必能够变得卓越。

我很喜欢罗永浩的一句话："未来属于我们当中那些仍然愿意弄脏自己双手的少数分子。"我想为这句话加上一个补充，那就是："未来属于那些愿意弄脏自己的手的文化人。"

**前半生过得太顺利，对一个人来说是一种拔苗助长。**而现在，太多的大学生就是如此，生长在"校园温室"，以至于他们看不清自己的高度和水平，变得有些好高骛远。

电影《东邪西毒》中有一句令人深刻的台词：

"你这种年轻人我见的多了，懂一点武功就以为可以横行天下，其实走江湖是一件很痛苦的事情。会武功，有很多事情不能做。你不想耕田吧，又不齿于打劫，更不想抛头露面在街头卖艺，你怎么生活？武功高强也得吃饭啊。"

多么像一些读了些书的文化人。他们因为给自己的定位太高，给自己的偶像包袱太重，以至于大学毕业一两年没有买房就觉得自己失败，认为自己没有女朋友只是因为自己穷。

一些人被浮躁蒙蔽了双眼，他们对时代的身份焦虑感太强，导致他们一直不愿意沉下心来去学习真正能够提高自己的知识和技能，而热衷于那些"三分钟搞定英语"，"一小时建立知识体系"这类的演讲和分享。

这多么像那些平时不好好训练，靠着打激素去比赛的运动员啊！也像那些开半小时车结果花了一个半小时的时间找车位的人。**由于过于追求捷径，反而浪费了更多的时间。**

网上也流传着一个观点：知识学到最后都忘光了，学了还有什么用呢？这就像问我们吃进去的食物最后都排出去了，吃了有什么用一样。食物和知识都会让人长大。前者侧重于生理成长，后者侧重于心理成长。

而这种思想的盛行，很大程度上是因为我们对知识缺乏深度的思考，以至于我们对知识的掌握深度不足，让知识更容易被忘记。但是如果我们能够对知识进行有效的深度加工，我们就能够成长得更快一些。

沉下心来，才能够真正学到东西，而不是虚假的进步。敢于去做那些见效慢而且看上去很土的办法，可能会让自己进步得更快。就像阅读这本书一样……